JN069038

よくもわるくも、新型車

福野礼一郎のクルマ論評

8

福野礼一郎著

目次

クルマ選び鉄則

1980年代の国産車を再考察する――現代の視点

STORY : 01

全身全霊でトヨタTHSに対抗した砂の器

☑ Renault **Arkana** | ルノー・アルカナ

ルノー・アルカナ
□https://mf-topper.jp/articles/10002563

2022年8月25日

［R.S.LINE E-TECH HYBRID］ 個体VIN：VF1RJL007NC326288
車検証記載車重：1470kg（前軸850kg／後軸620kg）
試乗車装着タイヤ：クムホECSTA HS51 215／55-18

試乗コース 千代田区の北の丸公園から試乗開始。「麹町警察署通り」を走行したのちに首都高速道路・霞が関ICから入線、都心環状線、1号羽田線、11号台場線、湾岸線で大黒PAまで走行。その後同じ道を走行し、北の丸公園へ戻った。

ルノーのE‐TECH HYBRIDは、日産HR16DEベースの1・6ℓ直4（91PS／144Nm）にマニュアルトランスミッションを組み合わせ、合計3本あるインプットシャフトのうちの1本をエンジンに、49PS／205Nmの走行用モーターをその同軸上にあるもう1本のインプットシャフトに接続、15kW／50Nmの発電用モーターはエンジンとギヤで接続／断続し、ドグクラッチによる接続↕開放によってモーター出力、エンジン出力を独立でも、またミックスしてからでもアウトプットシャフトに伝えることができるというシステムだ。

駆動力のフローは非常にややこしいが、この機構によって走行用モーターは2段変速、エンジンも4段に変速できるということらしい。バッテリーの電力量は1・2kWhとハイブリッドとしては大容量だ。

「ルノー・アルカナのすべて」掲載のメカ解説（世良耕太さん）によると、①発進は常にモーターで行なう。②アクセル開度などから「モーターでは出力不足」と判断するとエンジンを始動し動力ミックス。③モーターは75km／h以上で2速へ変速。④エンジン駆動力はシンクロ機構なしのドグクラッチを使って1〜4速を掛け替える（このとき発電用モーターを回して回転同期を行なう）。⑤エンジン用変速機の使用範囲は1速14km／h〜、2速25km／h〜、3速40km／h〜、4速55km／h〜。⑥高速では走行用モーターの駆動機構の接続を切り離してエンジンのみで走行する、ということらしい。

つまりⒶテスラのようにモーター走行、ⒷトヨタTHSのようにエンジン＋モーター動力ミックス走行（パラレルハイブリッド）、Ⓒ日産e‐POWERのようにエンジン発電→モーター走行（シリーズハイブリッド）、Ⓓ普通のクルマのようにエンジン単体走行、いずれも可能だということだ。

エンジン単体走行が可能なら高速燃費では有利だが、こういう複雑な機構が違和感なく気持ちよく作動して燃費に貢献できるか否かは、すべて制御の上手次第である。

むかし「機械は性能が同じなら小さく軽くシンプルなほどえらい」と私に教えてくれたのはベータマックスVTR機の開発にかかわっていたソニーのエンジニアだったが、結局そのベータはデカくて重いVHSにボロ負けして敗退したのだから、世の中なかなか理屈通りにはいかない。

アルカナを眺める

ルノー・アルカナは「同じ姿カタチで同じ名前のクルマを、ふたつのプラットフォームで作り分ける」という、奇奇怪怪のクルマである。

ルノー・ロシアのモスクワ工場、ウクライナのZAZザポリジア工場、カザフスタンのコスタナイ工場で作っているアルカナのその中身=設計基盤は、日産ルノー共同開発の古い（2002年〜）B0プラットフォームの派生型でダシア・ダスター2と共用のB0+プラットフォーム。

そして韓国・釜山のルノー・サムソン・モーターが生産していて日本にも輸入される今回試乗のこのワールドモデルは、現行ルーテシア、キャプチャー、ジューク、ノートと同じCMF‐BHSプラットフォームだ。

実車は大柄である。

ボディサイズは国交省届出値で全長４５７０㎜、全幅１８２０㎜、全高１５８０㎜、ホイルベース２７２０㎜。

Ｃセグメントと称しているようだが、寸法からするとＤセグに近く、車重も１４７０kgある。ちなみに私が７年間も乗ったオンボロＤＳ５（シトロエン）は４５３５㎜×１８７０㎜×１５１０㎜、ホイルベース２７２５㎜の１５５０kgで、Ｄセグメント車の分類である。ＤＳ５とアルカナの違いは背の高さで、アルカナは実際の地上高も高いが、前後バンパー下部／サイドシル／フェンダーに黒い樹脂トリムを巻いているのでなおさら腰高に感じる。

クロスオーバーというよりも大柄な純粋ＳＵＶに見えることも手伝ってか、自宅から運転してきた萬澤さんは「街中で無茶苦茶注目を集めました」という。

下回りを覗く。

フロントサスは鋼板溶接サブフレームに下方開断面鋼板プレスのＬアーム（後方がバーチカルマウント）のストラット、リヤがトーコレクト式ＴＢＡ。前後ともルーテシアと同形式だが、とりわけフロントはＤＳ４のＥＭＰ２のバージョン３のあのカネのかけっぷりに比べるとかなり見劣りがする。

地上高を上げるためにフロントのサブフレームには全長10㎝くらいあるブレースを垂直にかませているが、この部材とタイロッドだけがアルミ製。このロッドはルーテシアにも使っているから「嵩上げ部材」というよりフロントサブフレームの基本設計の一部なのだろう。

室内パッケージを見る。

全高は1510㎜。対してステップの地上高は460㎜で、セダンの平均より約100㎜高い。

室内高さはキャビン中央部で実測1180㎜、Dセグセダンの平均プラス50～60㎜だ。前席ヒップポイントはシートハイトに応じて地上高で590～650㎜もあるから運転者のアイレベルは高いが、フロアに対しては座面前端部で285～320㎜だからセダンの平均値に近い。座面↕天井も915～980㎜とこのクラスのセダンの平均値。

ようするに「地上高が高いだけで室内パッケージとその広さはほぼセダンなみ」ということだ。

キャビンの縦断面シルエットをみると後席からテールゲートにむかって急激にルーフラインが下降しているが、この影響が後席居住パッケージに表れている。後席ヒップポイント地上高は610㎜で前席との差が非常に少なく、運転者に前席のハイト調整を上げられてしまうと、前席ヘッドレストがバカでかいこともあって前方見晴らし感がかなり阻害される。これだけ低く座っていても座面↕天井は910㎜しかなく、Dセグセダンの平均値を20～30㎜下回っている。

リヤサイドガラスのティンテッドが暗いこともあって、後席の穴蔵感はかなり強い。後席サイドガラスを全開にしても、前端部に5・5㎝の開き残りが生じる。

レッグルームは助手席で前後位置を調整してから後席に座ったとき、背もたれから膝までが14㎝。ホイルベース2720㎜のDセグとしてはこれもやや狭い。前席下の空間が大きくて足を伸ばせるので、そこで少しは取り戻しているが。

キャビン横断面パッケージには特徴がある。

ルーテシアも同じだったが、前後席ともに左右乗員の距離が狭く、前席では左右前席の中心間距離が６５０㎜しかない。Ｄセグの平均は６９０㎜前後である。

このため地上４６０㎜にあるステップの端からシート中心までの水平距離が４６０㎜と遠く、やや乗り降りがしにくい。

「乗員中央寄せ」のこの基本シーティングパッケージは後席も同じで、ステップからシート座面の端までの中間に10㎝ほどの空間がある。ねらいはやはり側突対策だろう。ただ後席で左右を近づければ2人乗り時に天井の低さを多少フォローできる。

ちなみにサイドガラス下端部での全幅は１５６０㎜、同じくガラス上端部では１２７０㎜だから、サイドガラスそのものの倒れ込みは片側１４５㎜と平均より少ないくらい（サイドガラスは平均よりやや直立気味）。つまり左右席の距離をつめたのに前面投影面積には効果が出せていないということだ。

総合すると車両パッケージは「後席が狭いテールゲート式4ドアクーペのボディを地上高たかくセットしたＤセグ車」である。なんちゃってＳＵＶの典型的クロスオーバーカーである。

アルカナに乗る

ルノー・ジャポンから借用したのは日本仕様のローンチエディション「ルノースポールラインEテックハイブリッド」（429万円）。派手な塗色は追加金額なしの「オランジュバレンシアM」。メーカーのホームページでコンフィギュレーターをやってみたが、オプションは特別塗装色以外には存在しないようだ。

個体VIN：VF1RJL007NC326288、車検証記載重量1470kg（前軸850kg／後軸620kg）。タイヤはKUMHO ECSTa HS51の225／55-18、空気圧はフロント230kPa／リヤ210kPaで、温間で250／230kPa入っていて左右もきっちりそろっていたため、このまま乗ることにした。

前席座面は幅500mm、奥行490mmの世界標準サイズ。本革は型押しで軟化処理の少ないごわついた安革（このクラスの普通）だが、座面圧は綺麗に出ていて静的な座り心地は上等だ。

ランバーサポートを調整すると腰下にしっかり面圧が出て姿勢を保持する。

60mmも上がるハイト調整を上限から15mmくらい下げた位置にセットし、コラムのチルト調整（45mm）をいっぱいまであげると、私のいつもの最適ドラポジにぴたり収まった。

ステアリングのグリップがやたらと太いのはスポーツグレードの世界共通ファッションだが、BMWのように「ねちょっと気色悪いソフトグリップ」ではなく硬く引き締まっているのが救いだ。外形も小さく感じるが、実際は横365mm、縦360mmだから世界平均よりむしろ僅かに大きい。

それにしても「タイヤの太さと扁平率とステアリングのグリップ太さと排気音のデカさが、カーボン柄と赤いステッチとデカいスポイラーに連動している」というのは世界共通の「ステレオタイプのひとつ覚え」であって、デザイナーだかチーフエンジニアだか知らないが、著しいこの創造力の欠如にはなかなか興味深いものがある。

走り出しはモーターのみ。

無音でスムーズだ。

タイヤ起因のロードノイズもほとんど入ってこないし、少し加速してみてもエンジンルームを開けたときにはきんきんに響いていた電気制御系の高周波音がまったく透過してこない。

ステアリングは重くなく軽くもなく、切ると適度な反力が戻ってきて路面感覚がいい。

私は単に不器用なだけでなく、非常にしつこい性格なので、気になることは何度でも口に出して指摘するし、合わないドラポジは何度でも繰り返し徹底的に直し続けて妥協しない。しかし当日の録画を見直してみても、試乗中は乗って直後のファーストインプレッション以降、シートとステアリングについてはまったく言及がない。グリップが太いの、革が硬いのといったが、結果的にいってステアリングホイールとステアリング感覚、シートに関しては「文句なし」だったということだ。

我々の乗り心地評価試験路である麹町警察通りに向かうが、そこに行くまでの外堀通りで気がついたのは路面の表面の状態に対するロードノイズ感度が高いことである。

舗装状態のざらつきが変化するごとに、ごー、ざー、こー、ぞー、とロードノイズの音程と強さが変化する。

ロードノイズはご存じのようにトレッドで励起した振動がボディに伝わって内装材などを共振させる現象なので、感度が高いのはおもにタイヤが原因だろう。

荒めの乗り心地を覚悟して麹町警察通りに入るが、上下動に伴って多少ボコボコとした音が生じこもっていること以外、気になるような荒っぽい挙動はでなくて拍子抜けした。

上下動の緩衝・減衰が穏やかでアタックの角も丸い。タイヤはダイナミックな縦ばね性能に関してはなかなかいい出来だ。

静かにマイルドに悪路試乗をこなしてくれたものの、では「すかっと気持ちよかった」か、「素性の良さが滲み出ていたか」、というと実はそういう印象でもない。アタックの瞬間の感じでは明らかにサスの取り付け部局部剛性が低い感じで、サス／ダンパーが動く前に衝撃がボディに上がってきている。

国立劇場前のいつもの鉄板段差の60㎞／h通過では、がつーんという衝撃入力とともに、ごきっという構造的異音が生じた。

ＤＳ４は「ボディが強靭だから乗り心地もいい」という好印象だったが、こちらは「ボディ剛性は低めの並出来」だが「遮音、吸音、制振の質量をたっぷり積んでそれを糊塗している」という感じ。最近のクルマとしてはとくに制振材をかなり盛っているように思う。アタックがあるレベルを超えると途端に馬脚を表すのがその証拠ではないか。

霞ヶ関ランプから首都高速環状線・内回りへ。

踏み込むとレスポンスよく、まずまず力強い加速が生じる。

加速がパワフルであることを喧伝しているが、モーターとバッテリーのスペックからしてもテスラのような強烈なジャークとは世界がまったく違う。いたって穏やかで平凡な加速感だ。

いつのまにかエンジンが回っていたが、始動時ショックは皆無。というか、ノーマルモードの「マイセンス(My sense)」ではタコメーターが表示されないし、とにかく防音が徹底しているので、どういう制御状態でいま走っているのかさっぱりわからない。

アクセルオフでの回生の度合いは適度。違和感ゼロだ。

「スポーツ」に切り替えてみると、①いきなり排気音がデカくなり、②その排気音が車内にこもり、③同じアクセル開度でパワーサプライレベルが数割あがり(いきなり加速)、④メーターの表示が変わり、⑤ステアリングの保舵力と操舵力が重くなるが、⑥アシはまったく変わらない。

アクセルの踏み増し加速のレスポンスは明らかに良くなるが、排気音がボーボーうるさいので嬉しさも相殺する。これもどこの国にもいるステレオタイプのアレだ。うんざりしてすぐにノーマルモードに戻した。

「エコ」モードにしてみると、回生が非常に弱くなってアクセルオフでエンブレがほとんど効かない。いわゆるコースティングモード。回生してエンブレを効かせれば速度が下がり、速度が下がれば結局再加速にパワーを使うから、エコモードではアクセルオフで空走させた方が結果的に省燃費であるという考え方だろう。

もちろん一理あるが、日本の高速道路のように車間距離が近く速度変化が大きい場合は、エンブレが効かないとドライバビリティが悪くなる。クルコンを入れて走っていれば別に問題ないかもしれないが（本車はアクティブクルコン標準）、このインプレでおもに評価しているのは「クルマを運転している」ときの話である。

萬澤さんは「コースティングしているときにアクセルを少し戻すと、遠くで小さく、がちゃん、がちゃんと機械的なショックがきますよ」と言う。

状況を繰り返し再現してみるがよくわからない。

あとで運転を変わったら「ほら、やっぱり出てます」と言っていたので、どうも私の感覚が鈍いだけのようだ。

おそらく変速ショックだと思うが、私が運転していた感じでは変速ショックはまったく皆無で、シンクロナイザーがない代わりに発電用モーターでアウトプットギヤを駆動して同期するという仕掛けは完璧に効果を上げていると感じた。

大きめに踏み込むとエンジンが吠えて、回転が先に跳ね上がるラバーバンド制御を行なっている。しかしメーター表示はエンジン＋モーターのパワーデリバリー表示のみだし、防音対策のおかげもあってほとんど気にならない。

こういうクルマに乗っていると、Ⓐモーター走行、Ⓑパラレルハイブリッド、Ⓒシリーズハイブリッド、Ⓓ普通のクルマ、ⒶⒷⒸⒹを架け替え制御しながら走っているということ自体にだんだん関心がなくなってくる。まさにそれがこのメカと制御の狙いなのかもしれない。

スポーツモードにしてアクセルを踏み込むと、ショックレスでキックダウンが生じてエンジンの唸り音が高まり加速に備える。ここでアクセルをオフっても再加速に備えてしばし低ギヤでホールド、ギヤが再び上がった時点で少しだけ踏むと、さきほど同様、全力加速に備えて低速ギヤまで一気にダウンする。「現在激しくスポーツ走行中！」と判断するのだろう。

したがって高速巡航時にスポーツモードにしていくと僅かのアクセル開度変化でキックダウンが生じてせわしない。

高速安定性は非常にいいフィーリングで、操舵力に対する反力と操舵時のヨーとロールの反応のバランスがとてもよく取れている。この点はまったく文句なしだ。

湾岸線を下って大黒PAに入り、運転を交代。後席に乗る。

萬澤さんはとくに悪口は言ってなかったが、功績に乗ってみるとタイヤの縦ばねが固くて乗り心地がごつごつし、衝撃的入力での反応がやや強くてボディに振動が響き、ロードノイズ感度が高く、ひとくちにいえば「一世代前のクルマ」の後席居住性だった。

後席でのボディ剛性感、局部剛性感はまったく現代最新水準に達していない。

ただし操舵に対するロール剛性が高めでロール速度もよく抑えてあるところはまあまあだ。期待ほど快適でも最新でもなかったが、高速巡航で「酔う」ということもないだろう。

「イヤなところがどこにもないクルマです」

運転中の萬澤さんがジュリアのときにも発したセリフを繰り返した。

「でもレーダーチャートで言うと80点の正円という感じで、突出した魅力もどこにもない。そこがジュリアとの違いです」

私がずっと感じていたのもそこだ。文句はとくにないのだが、「すごい、最高、欲しい」と思う部分もあんまりない。

67㎞を高速道路主体に交通の流れに乗って走った結果は19・0㎞／ℓ。WLTC‐Hの23・5㎞／ℓの8割、市街地モードWLTC‐L19・6㎞／ℓにも届かず、複雑怪奇な機構の有効性を遺憾なく証明するというところまではいかなかった。

私の印象を言うと、ルノー・アルカナはとにもかくにも全身全霊でなにがなんでもトヨタTHS車に対抗したようなクルマだということだ。

もちろん日本における日本車の新車購入者の6割をしめるトヨタユーザーの期待がこういう平均点の高いクルマにあることに疑いの余地はないが、日本における輸入車の新車購入者の3％（＝2021年度7639台）に過ぎないルノーユーザーの期待は、これまさにバカ売れカングーのように「多少の欠点もあっていいからフランス車らしく輸入車らしいユニークで面白く独特なクルマ」だろう。

アルカナは残念ながらまったくそういうタイプのクルマではない。そもそも「駆動方式全部乗せして防音対策全部乗せして欠点という欠点を全部なくす」なんて思考がフランス車らしくないではないか。

ルノー・ファン、フランス車ファンはカッコを見て購入を決めてしまう前に必ず試乗して、見た目以外の個性に乏しいその性格を確かめてからサインしたほうがいい。

萬澤さんはクルマを借りるときに広報の方に「お手柔らかに」といわれたという。たぶん私の口がこんなふうに悪いせいだ。すみません。貸していただいてどうもありがとうございました。

STORY : 02

出来はいいが300万円軽乗用を誰が買う

☑ Nissan **Sakura** | 日産・サクラ

日産・サクラ
□https://mf-topper.jp/articles/10002564

2022年9月20日

[G] 個体VIN：B6AW-0001352
車検証記載車重：1310kg（前軸590kg／後軸500kg）
試乗車装着タイヤ：ブリヂストン Ecopia EP150 165／55-15

試乗コース 横浜市の日産グローバル本社から出発。首都高速道路・みなとみらいICから入線し、神奈川１号線、湾岸線、横浜横須賀道路を走行し、横須賀ICで降線。ふたたび同ICから入線、同じ道を走行して日産へ戻った。

パッケージとメカ

ユーチューバーと評論家と媒体が一通り試乗し終わったあとにようやく乗るから「二番搾り」。とはいえ世間さまの評判をあれこれ読んで参考にするわけでもないので（↓一切読まない）二番煎じの意味もあまりない。それでもなんとかここまで10年やってきた。あと10年は無理だろう。

待ちに待ってやっと乗れた日産サクラ。

ボディサイズは全高１６５５㎜、ホイルベース２４９５㎜で、３年前にＮＡ＋ＦＦ＋ＣＶＴ、ＢＳＧ付きＮＡ＋ＦＦ＋ＣＶＴ、ＢＳＧ付きターボ＋４ＷＤ＋ＣＶＴの３車種乗ったデイズと同じ。全高はデイズＦＦに比べるとおおむね５㎜高いが、４ＷＤよりは15㎜低い。

床下にはリーフ用のモジュールを流用した20ｋWhのリチウムイオン電池を搭載する。

実測してみると、運転席の座面の地上高は（シートハイトによって）６００〜６４０㎜、室内フロアからシート前端までの高さが３３０〜３４０㎜、ステップ地上高３５０㎜で、２年前のデイズのＦＦの実測値と比べてみるとそれぞれ＋20㎜、-20㎜、＋20㎜だった。つまりフロアがＩＣＥのＦＦより20㎜高くなっているということだ。

一方座面↕天井の距離は前席９９０〜１０１５㎜、後席９６０㎜、室内高１２６０㎜で、それぞれデイズＦＦに対して＋５〜10㎜、-10㎜、±０㎜だった。いずれにせよ座面↕天井の値が１０００㎜を超えたら人間の感覚としては「ほぼ無限大」だ。

念のためボディ横幅方向の数値も比較してみた。

サイドウインドウ下端での全幅が１３４０㎜、同じく上端部での全幅が１２００㎜、つまりサイドウインドウの倒れ込みは片側70㎜でデイズと同値だ。トランクルームも測定誤差程度の差だった。

というわけで床下にバッテリーは積んでいるがパッケージとしては内外共におおむねデイズと同じと考えてい。日産サクラのメカについて日本一くわしく解説してある「日産サクラのすべて」の安藤眞さんの記事によると、デイズそのもののパッケージが当初から床下バッテリー搭載を考慮して構築されていたから、らしい。

フロントに横置き搭載する交流モーターは、シリーズハイブリッドの出来の良さに感動したノート４ＷＤ（ＦＦにはとくに感動してない）のリヤ用ＭＭ48型モーターを使っている。50kWという出力からして当初から軽の主動力源に使うことを想定していたと思われるが、出力を軽の自主規制値の47kW（64PS）に制限すると同時にトルクを１００Nmから１９５Nmに倍増、３３００ｒｐｍ以上の回転全域で47kWを発生している。

インバーターはモーターと同じケースに入れて水冷、バッテリーはエアコンの冷凍サイクルを流用して冷却。バッテリーの冷却は急速充電性のポイントだが、室内を暖房しなければいけない冬季にはヒートポンプとＰＴＣ素子ヒーター（電熱ヒーター）を併用、バッテリーを冷凍サイクルで冷却しながら室内を暖房するというのがちょっと面白い。

デイズのＦＦはリヤサスがＴＢＡだが、サクラはデイズ４ＷＤ車用と同形式のトレーリングアームとパナールロッドで懸架する3リンク式リジッド。下回りを覗いてみると明らかにバッテリーとの兼ね合いだ。パナールロッドを地面に水平に配置しているのはなかなかいい。

後輪駆動車の場合は駆動力が後輪ハブ中心にかかるから、トレーリングアームのピボット位置の地上高によっては瞬間中心が低くなってアンチスクォート率が減少する（あるいはマイナスになる）が、サクラではリヤに駆動力はかからないから制動力によるアンチリフトだけ考えればよいため、このサス形式でまったく問題はない。

サクラを見る

余談だが、7年間もシトロエンDS5に乗ってきたので、新登場のシトロエンC5 Xはコンセプトといいサイズといい代替の最有力候補だったのだが、インテリアを見て絶句した。

思わず総毛立つようなグロテスクなインパネのシボ模様、タミヤのエナメル塗装の上から間違ってグンゼのラッカーをスプレーしたときに全面に生じるひび割れそっくりの加飾パネルのひびヒビ表面、確かにそれらも作者の趣味を疑うような意匠だが、シートの意匠は「自動車史120年で最悪の趣味」としか形容のしようがないほどのひどさである。

一見、百均のシートカバーでもかぶせてあるようなクオリティだが、近くでよーく見るとラーメン碗の淵の雷紋のようなうねうね模様といっしょに本革表皮に縫い付けてあるのはどう見てもパンツのゴムである。いやパンツのゴムだ。パンツの製造工場に依頼して特別に取り寄せたのかと思うくらい純正のパンツのゴム。

「内装はこれ1種類しかない」ということなので買うのはやめた。

私の趣味だって大していいとは言えないだろうが、あんなキモい物体に座ってクルマを運転するなんて冗談じゃない。

したがって4日後にサクラのインテリアを見たときは、そのインダストリアルデザイン的すっきり感と洗練性に喝采したい気分だった。

我々が乗ったのは最上級の「G」で乗り出し300万オーバーの超高級軽自動車だから、なんとかその高価格に見合うインテリアにしなければと頑張ったのだろう。

棚の上にインフォ液晶とメーター液晶を黒いベゼルで一体化したプレートを立てるデザインは、同じくインテリアをとても頑張ったアリアと同じアイディア。4万4000円のオプションインテリアでは、インパネ本体にシートと同様のざっくりとした質感のツイード織物を張り込んでおり、銅色の加飾パネルとの対比がとてもいい。

どこのサプライメーカーの作なのかこの加飾は成形も塗装も飛び抜けて良く、ヒケもウエルドも収縮歪みも皆無、よくよく見てもアルミ押し出し材の陽極電解着色としか思えない。触ってみて初めて（冷たくないので）樹脂だと気づくくらいだ。

軽自動車といえばインダストリアルデザイン的センスとははるかに隔たった趣味趣向的な色彩＋造形感覚で作

られるのが普通で、「かわいい」と「おしゃれ」のおバカ攻撃に毎度ほとほとうんざりさせられるが、こういう真面目で直球のインテリア意匠の軽自動車はひさしぶりだ。

ただし未来的なのは見た目だけ、インパネの根幹である操作性人間工学については平凡な出来だ。

物理スイッチがインパネ中央、インパネサイド、ステアリングに分散していて、アイコンが小さく分かりにくく、ひと目見ただけでは使い道がわからない。

加速と回生の制御をエコ／スタンダード／スポーツの3つのモードで切り替えるこのクルマにとってはとても重要なスイッチは、インパネ右側の下段の小さなスイッチ列の中に、ステアリング支援、オートホールドなどといっしょに押し込まれている。「できればなるたけ使わないでほしい」というデザイナーと設計者の切なる願いを具現化したようなスイッチだ。

各自動車メーカーがそれぞれその場の思いつきのお絵描きで思い思いの形状とロジックのスイッチをあちこち分散して並べる、そんなくだらない世の中になるくらいなら、テスラのようにいっそ超大型液晶のセンター配置管面タッチにインターフェイスを全部集約した方がよほど素早く操作できてよそ見をせずにすむ。これは9年前にモデルSに乗ったときに初めて得た知見だ。ゴミよりカスの方がまだマシである。

サクラに乗る

我々の試乗車は「G」（294万円）、塗色名は「暁 - アカツキ - サンライズカッパー（なんじゃそれ）」、個体VIN：B6AW - 0001352、車検証記載重量は1090kg（前軸590kg／後軸500kg）。おそらく世界一軽いEVかも。

オプションは200V7・5m用充電ケーブル、前出のインテリアパッケージなどが25万3000円分、さらに17万円分のディーラーオプションが乗っていた。合計336万4415円。間違いなく世界一高い軽自動車である。

タイヤは乗り心地が荒くて萬福が前から大嫌いなエコピアEP150の165／55 - 15、指定空気圧は前後240kPaだが、4本とも260kPaになっていた。こういうのはおそらく空気圧ゲージの誤差だろうが、我々のは定期的にキャリブレーションしている。というわけで各20kPaづつ抜くことにした。

シートのハイト調整はデイズと同様アップ22段ダウン40段とダウン側が大変細かい。最高位置まで上げてから数ノッチさげ、チルトを最高位置まで30㎜あげると、いい感じのドラポジに落ち着いた。コラムにはテレスコ調整機能がないので気持ちステアリングが遠くなる。

地下駐車場内をゆっくり発進。

操舵力が軽すぎないのがいい。デイズのNA＋CVTでは登れなかった（本当に登れなかったんだよ！）出入り口の急スロープを軽々上がって公道へ。

ステアリングにはやはり軽自動車特有の強いフリクション感がある。少し切るとそのまま保持して進路が偏向、セルフセンタリングしない。ラックをピニオンに押し付けるプリロードが強いような感じだ。ほとんどの軽はこれを直進安定性向上に利用していると思う。

アクセルを踏むと無音で軽快な加速。

「遅くはないが速くもない。軽のターボくらいかな」と口に出したが、47kWの出力制限がかかっているのだから当たり前だ。トルクは軽ターボの倍ほどもあるのだが、期待していたほどジャークはでていない。

防音材の質量追加の効果でパワートレーンからの音は実質ゼロ。ロードノイズだけがやけに目立つ。しかも感度が高く、舗装が変化するとごー、かー、ぞー、どー、と音の周波数が敏感に変わる。万年メロディロード状態だ。タイヤ励起の現象だからエコタイヤもロードノイズ感度の高さに影響していると思う。

日産自動車の本社がある横浜のみなとみらい地区は道路の舗装が大変よく、乗り心地のインプレにならないが、首都高速に上がれば老朽化している1号線は舗装がかなり荒れているから、つい高速に上がりたくなる。

みなとみらいランプから下り線へ、石川町ＪＣＴ、本牧ＪＣＴを経由して幸浦方面へ。

自重約２００kgもあるバッテリーを床下に搭載するため、デイズのボディ骨格は大幅に強化している。

リヤフロアを中心にメンバーを追加、９８０ＭPa以上のハイテン使用比率を増やし、一部ホットスタンプ材を使用、Ａピラーの内部構造も変更した。これらはおもに車重増加による衝突安全性対策だが、床下のバッテリーケースがボディ剛性向上に寄与貢献しているのは毎度ＥＶの魅力で、安藤さんの記事によるとサクラの場合もねじり剛性がデイズより40％も上がっているという。

前後重量配分は車検書記載値で54・1％：45・8％、重心高はデイズより40㎜下がっている。

「加減速時前後荷重移動率＝重心高÷ホイルベース×加減速G」

したがって重心高が高くホイルベースが短いFF車は加速時にはトラクションが抜け、減速時には荷重が抜ける後輪にブレーキ配分比を回せない。バッテリー搭載で重心高が40㎜も低くなれば、操安性だけでなくその欠点もかなり挽回できるはずだ。

そこらへんに大いに期待して試乗してみているのだが、すくなくとも普通に走っている限り、ピッチング方向の揺動が確かに低い以外、それほど目覚ましい走りの印象の変化があるわけでもなかった。

高速に乗ったらさらに盛大になったロードノイズの件を除いたとしても、それほどボディが頑強でしっかりしているという感じもないし、車線変更すると、フリクションでセンターに固着しているようなフィーリングのハンドルに結構力を入れて切ることになるため、自然に転舵速度があがってしまって、リヤのロール速度が速い。

ボディのねじり剛性が高いからサスがすらっと縮んでロール速度が上がりやすい、そういうことかもしれないが。

「リヤは走り出した時から上下動が大きく、ロードノイズが盛大です。さすがに床はガチガチに固まってますが、うしろでトランクの床が鳴り響いてるような感じがします。福野さんがすこしステアリングを切るだけでぐらっぐらっとロールします（→助手席側後席に乗ってる萬澤さん）」。

そう話す萬澤さんの声が7割くらいしか聞こえない。ロードノイズがとにかく盛大だ。

横浜横須賀道路を下って横須賀でランチにしようと思ったのだが、台風14号の影響で横風が強く（試乗日は2022年9月20日火曜日）雨もばらばらと降ってきたので、横須賀料金所でUターンすることにした。

横須賀ランプのカーブでアクセルを踏み込んでみると、リヤサスがしっかり踏ん張って安定し、弱アンダーの反力感をステアリングに感じながら、なかなか気持ちいいコーナリングを見せた。

フロア配置バッテリーによる最大の効果はねじり剛性ではなく横曲げ剛性で、これは操舵応答性にもろに効く。

後端にパナールロッドがついているからTBAより横力トーアウト傾向が少ない3リンクサスと重心高の低さと横曲げ剛性の高さ、すべての好条件がこのコーナリングで発揮された感じだ。高速道路を走るクルマじゃないかもしれないが、ワインディングは楽しく気持ちいいかも。

帰路の高速走行中にさんざ探してやっと走行モード切り替えスイッチを発見した。

「スポーツ」に切り替えてみるとアクセルペダルの踏み込みに対する加速立ち上がりのレスポンスがよくなって気持ちがいいが、アクセルオフでの回生ブレーキも強くなるため、高速道路では逆に速度が落ちて再加速がかったるい。

「エコ」モードでは回生はもっとも弱くなった。

「スポーツ」はワインディング用なのかもしれないが、Bレンジや「e‐Pedal step」という回生の制御スイッチもついているので、「スポーツ」ではあえて回生を強くしなくてもいいのではないかと思う。そんなことよりモード切り替えスイッチなんてものがあること自体に気が付かない人の方が多いだろう。なぜにかくす。え。

三溪園あたりでゲリラ豪雨に遭遇。

走り出して50分、やはりお尻の左側が痛くなってきた。

デイズもそうだったが、この6：4シートは座席の構造上「運転席の座面の幅が広い」のではなく「4割幅しかない座面に2割幅のセンター部を引っ付けて一体にした座面」で、座面圧の均等性という点では最悪だ。お尻と腿の左側の面圧が右側より極端に高い。これなら助手席を6にした4：6の方がはるかにマシである（5：5が理想）。

大黒PAに入る。

萬澤さんによるとローソンの前に4基、e‐Mobility Power社の新型EV用急速充電器があるという。

「充電器側に90kWの出力性能があるらしいです。サクラ側の急速充電受け入れ性能は30kWですから、30分の充電時間で満充電まで持っていけると期待しております」

高速道路の駐車場にある機械は30kWタイプが多く、スーパーマーケットやアウトレットモールの駐車場設置機は20kWタイプが多い（日産本社の車寄せにあるのは45kW）。90kWとはかなりの高出力だ。

急速充電器を働かせるための認証端末のカードはグローブボックスの中に入っていた。「普通充電についてはもちろん無料ですけど、急速充電については日産の場合4種類の契約プランがあるようで、急速充電10分間の使用料金はそれぞれ５５０円、３８５円、３３０円、２７５円だそうです」

コネクターに接続しカードを差し込んで充電しようとしたが、反応しない。

何度もやり直したが充電できず、大変に困惑した。

後で日産の広報部に聞いたところ「あそこの急速充電器とは相性が悪いようで、充電できないことがある」とのことだった。

自分のクルマでもし家族を乗せて旅行先で電欠ぎり、やっと辿り着いた急速充電器と「相性が悪くて充電できなかった」ら泣くだろう。やっぱＥＶなんか買うのやーめよ。相性次第なんて冗談じゃないっつの。

後席に乗る

運転を代わってここからは後席へ。

１７０㎜スライド、８段階リクライニング。助手席でシート位置を合わせて後席に座ると前席背もたれから膝まではシートを目一杯前に出してもＣセグメントなみの21㎝。最後端までスライドさせると38㎝もの空間ができて、逆に不安すぎる。

地上〜座面の実測値は660㎜で、前席のハイトをもっとも高くしたときよりさらに20㎜ヒップポイントが高いから、大型のヘッドレストを装備しているせいで背もたれ高が830㎜と普通乗用車並みに背の高い前席が眼前に立ちはだかっても、前方見晴らし感は悪くない。

大黒PAの駐車場を出ないうちに、確かに後席の乗り心地が、がっくりフロントより落ちることがわかった。

上下動が大きいというより、衝撃的入力のアタックが強い。

ランプの目地で、がつーん、がちーんとショックが上がってくる。

さすがにボディから構造的な異音は出ないしフロアもしっかりしているが、どっかがドラミングしているようにドタバタしている。萬澤さんの「リヤフロア」という見立ても、当たらずとも遠からずのようだ。

「前は別のクルマみたいにまともですね。リヤ乗ってると軽自動車ですが、前に乗ってると5ナンバーの1BOXみたいです」

「でもなんというのか、EVに乗るといつも感じるスケートボードみたいなソリッド感、安定感、低重心感、そういうものをほとんど感じないクルマです」

萬ちゃんの言う通りだ。

いまになってみれば9年前テスラ・モデルSに乗って感動したあの印象の7割は、EVではなくクルマの出来の良さの印象だった。テスラに感じたような従来自動車との隔絶感、未来到来感はサクラにはほとんどない。

軽自動車としてはインテリアのまじめな上質さ、ステアリングの操舵力やしっかり腰の座ったハンドリング感、高速巡航での安定感と直進感のよさなどの魅力を感じるが、高速道路での疲労の最大の要因は飛行場にいるようなロードノイズの大きさである。

バッテリー残量１００％、航続距離１５４㎞だったメーター表示は74・２㎞走って49％、航続距離70㎞の表示になっていた。

安藤さんの記事によると、日産自動車の調査ではガソリン車に乗る人の１日あたりの平均走行距離は53％の人が30㎞以下、航続距離１８０㎞なら94％の人の需要をカバーできるらしい。「日常使いのクルマなら航続距離なんか関係ない」というデータである。

だが私は航続距離の短いクルマには「夢」を感じない。ここ数年は年に2～3度京都にいくのでなおさらである。満充電で航続距離最低５００㎞というのが１９９５年からＥＶに対し繰り返し主張してきた最低必要条件なので、これは撤回しない。

STORY : 03

志高くすがすがしい
広島製ドイツ車もどき

☑ Mazda **CX-60** | マツダ・CX-60

マツダ・CX-60
□https://mf-topper.jp/articles/10002565

2022年10月18日

［XD-HYBRID Premium Sports］個体VIN：KH3R3P-100044
車検証記載車重：1940kg（前軸1060kg／後軸880kg）
試乗車装着タイヤ：ブリヂストン ALENZA 001 235／50-20

試乗コース 千代田区の北の丸公園から試乗開始。「麹町警察署通り」を走行したのちに首都高速道路・霞ヶ関ICから入線、都心環状線、1号羽田線、11号台場線、湾岸線で大黒PAまで走行。再び湾岸線、10号晴海線を走行し、晴海ICで降線。都道304号線、国道20号線を走行して、北の丸公園まで戻った。

確証バイアスのマウンティング

今回の試乗はどうにもやりにくかった。先入観が多すぎると公平な評価の邪魔になるものだが、私は生来へそが曲がってるのでなおさらだ。

ＣＸ‐60については、弟分でＦＦ横置きのＣＸ‐５とＣＸ‐60の比較観察という企画を「すべてシリーズ」で行なって、そのとき初めて実車を見た。

試乗せずに観察しただけではシンパシーもなにもなかった。内外装スタイリングもパッケージもＣＸ‐５をフォトショップで「多方向に伸縮」したようにしか見えなかったからだ。

そのあとマツダが報道試乗会開催、私は呼ばれてないのでもちろん行かなかったが、みなさんの試乗評価を噂話として聞いた。どうも低速乗り心地に関する評判がさんざんだったらしく、サス設計者がヘコんでいたらしい。

「高速はなかなかいいが、低速の乗り心地は耐え難い」

「きっとマツダは重いクルマをつくった経験がないからだろう」

そんな感想が試乗会場の外に渦巻いていたようだ。

まあしかしその程度なら毎度のことだし、そういう評判がそのまま記事になって流布されるとは限らないから「ホントかよ。じゃオレも乗ってみよう」と前向きのモチベーションに変えることも多いのだが、今回はさらにマウントがあった。

報道試乗会に出かけてＣＸ‐60に一足先に試乗、エンジニアに話を聞き、さらにサスの設計担当者とサスのプロの国政久郎さんにサス作りの考え方についてのレクチャーを受けてしっかり設計の狙いを学んできた萬澤編集長が、「わかってる人間が乗って走れば非常にいいクルマである」という結論にすでに達して、援護射撃を決めていたからだ。

「畑村博士の取材でＣＸ‐60を借りますから、二番搾りでも同じ個体に乗ってもらえますか」と言ってきたのは、おそらく「10年一緒にインプレしてきたのだから、自分同様ＣＸ‐60絶賛に違いない」と考えたからだろう。

もちろん私だってむかし自動車雑誌の編集長だったときは（＝「ＧＥＮＲＯＱ」誌）「己が褒めたいクルマがあったら、褒めてくれるとわかっている評論家に書いてもらう」のが常道だった。

しかし萬澤編集長は試乗の際に私と一緒にクルマに乗って後席でインプレする「相棒」でもある。「いいクルマ確証バイアス」にかかった人間と試乗するというのは、どうにもいただけない状況だ。

しかも編集長は私の仕事の生殺与奪の権利を握っている。

案の定、走り出した瞬間から「後席ではまったくロールがないんです」「重心感が低くてすごく安定してるんです」「リヤサスをしっかり固めたことでフロントのキャスターがゼロでも直進性がいいんです」「（福野さんならきっとたぶんおわかりいただけますよね！）」の連続攻撃がうしろからがんがん飛んできた。

公平で真っ白な試乗どころか、完全な確証バイアスマウントだ。

そうなると私も業界40年のクソ狸のへそが曲がって「というのかこの低速乗り心地、業界の噂通りでまったく最悪だな」「がつーんというアタックのあとに来るどたーん、どららーんと鳴るお安い反応はまるで20世紀だ」と、対抗バイアスが発動してしまう。

乗ってる最中に試乗印象をマウントされるくらい嫌なことはないから、これぱかりは自分でもどうしようもない。きっぱり試乗を断るべきだったが、もう遅い。マジで書きたくないこの原稿（怒）。

ＣＸ-60を見る

本車はエンジンにもサスペンションにも非常に興味深い内容の設計が盛り込まれており、ＣＸ‐60総力応援体制のＭＦｉ誌面でエンジンについては畑村博士が、サスペンションについては国政さんと安藤さんが解説なさっている。というわけでメカについては本物の本職の先生方におまかせし、ここでは当方エセの本職の先生にふさわしいパッケージの解説・評論を一席。

全長４７４０㎜、全幅１８９０㎜、全高１６８５㎜、ホイルベース２８７０㎜。「マツダが車重２トンもある巨大なＦＲのＳＵＶを作った」というのが誰しも初見の印象だろうが、寸法を検証してみるとＦＦ横置きベースのＣＸ‐５（４５７５㎜×１８４５㎜×１６９０㎜、ＷＢ２７００㎜）とＣＸ‐８（４９００㎜×１８４０㎜×

１７３０㎜、ＷＢ２９３０㎜）の中間サイズで、ベンツＧＬＣ（セダン４６７０㎜×１８９０㎜×１６４５㎜、ＷＢ２８７５㎜）、ＢＭＷＸ３（４７２５㎜×１８９５㎜×１６７５㎜、ＷＢ２８６５㎜）、アウディＱ５（４６８５㎜×１９００㎜×１６６５㎜、ＷＢ２８２５㎜）とおおむね同サイズだ。つまりＣＸ‐60はドイツ製縦置きＦＲベースのＤセグＳＵＶ御三家にぴたり狙いを定めた車両企画といえる。

車重は２・５ℓ直４ガソリン車が２ＷＤ＝ＦＲで１６８０：１７２０kg、４ＷＤで１７２０：１７９０kg、３・３ℓ直６ディーゼルターボ車で２ＷＤが１７９０：１８４０kg、４ＷＤが１８４０：１８９０kg、今回試乗したハイブリッド４ＷＤが１９１０：１９４０kg。

確かに重いが、３ℓ直６ディーゼルターボ＋モーター搭載のＡＭＧ ＧＬＣ43（３９０PS／５２０Nm）も１９００kgでほぼ同等、同じくＢＭＷＸ３４０ｄ（３４０PS／７００Nm）は２０５０kgもある。したがってＣＸ‐60が重くて巨大なＳＵＶになったのは、それがいまの世界基準だからであってマツダのせい（だけ）ではない。

パッケージに関してはなかなか興味深い。

外観の印象ではふた周りもボディが小さいＣＸ‐５と同じ位置から同じ望遠レンズで撮影した両車の写真を合成してみたら、真横から見たキャビンの大きさがほとんど同じなのである。

重量配分を補正するためか、ＣＸ‐60は後輪の位置を前席に対して60㎜ほど前進させているが、前後ドアの長さは両車ほぼ同じで、室内長の公称値（マツダの場合インパネ↕後席クッション後端部）はＣＸ‐５が１８９

0㎜、CX‐60が1910㎜だ。20㎜差なら内装デザインの凸凹程度の違いだから、室内長はCX‐5と事実上同じと言っていい。170㎜も長いホイルベースのほぼすべては縦置きエンジンのために費やされ、室内の長さにはまったく反映されていないのである。

CX‐5の「全高1690㎜」は写真測定してみると、地上からシャークフィンアンテナ頂部までの高さ、CX‐60の「全高1685㎜」はルーフまでの高さだった。

つまり実際のキャビン全高はスペック値と違ってCX‐60のほうが約25㎜ほど高いのだが、CX‐60はPHEV仕様の際に18・7kWhのバッテリーを床下収納するため、どうやらフロアが少し持ち上がっているようだ。

したがって室内に乗るとCX‐60の方が天井が低い。

室内中央部での床↕天井の実測値はCX‐60がガラスルーフの中央柱部で1230㎜、CX‐5が1245㎜、後席座面↕天井の実測値はCX‐60：940㎜、CX‐5：970㎜だった。

それでもCX‐60の方が多少ゆったり感じるのはもちろん横幅のせいだ。

全幅はCX‐5より45㎜拡大、ドア部での全幅の実測値でも約50㎜広くなっている。室内全幅のメーカー公表値は1540㎜→1550㎜となぜか10㎜しか広くなっていないのだが、実測してみるとインパネ幅は＋30㎜、左右前席の中心間距離は＋35㎜、センターコンソールの幅も50㎜広くなっていた。

さらに座面寸法が幅で10㎜、長さで20㎜大きくなっていて510㎜×510㎜。これは世界平均より10㎜づつ大きい。座面が大きいとクルマは実際よりさらにゆったり大きく感じる。

前席ヒップポイントの地上高は両車同じだが、真横からの写真計測ではボンネット後端部の地上高はCX‐5に対して約25㎜ほど上がっているようだ。

CX‐5と長さが同等で、幅が広く天井が低いキャビンの運転席に座ると、ノーズのマスが大きく長く、前輪位置が遠くてインパネ上端が高くなっていて、運転感やとりまわし感はCX‐5よりはるかに巨大なクルマに感じる。CX‐60とは総じてそういうクルマである。

ようするに「縦置きFRというのは横置きFFに比べてどれだけスペース効率が低下するか」ということを身を持って証明したようなパッケージだが、ライバルと目論んだドイツ3兄弟がまさにこういうクルマなのだから仕方がない。つまりこのパッケージは一から十まで商業的な判断で設計したのであって、機能を追求した帰結とは到底言い難い。

最も理解に苦しむのがスタイリングの手法だ。

ドイツ御三家が長年に渡って展開してきた「身内総員そっくりさん戦略」はもはや完全に過去の遺物である。少なくともベンツとBMWは見切りをつけ、各車スタイリング個性化戦術に切り替えている。とくにBMWは、ほとんどヤケクソとも思える全方位醜悪個性化路線へまっしぐらだが、上品な先代7シリーズが不人気だった反省として「個性と醜悪こそ新興市場でのブランディングの肝である」と判断しているのだろう。たぶん的確な読みである。

今後マツダはCX‐60のロングボディ3列シート版を「CX‐80」として市場投入し、さらに北米向けにCX‐60のワイドバージョン＝「CX‐70」とその3列シート版＝「CX‐90」を開発中らしい。この3台もまたそっくりさん戦術でいくのだろうか。

「CX‐90」ならライバルの怪物同様、2・5トンくらい軽くいくのかも。

それでいいのか。

CX-60に乗る

試乗車はXD‐HYBRID Premium Sports（552万7500円）、個体VIN：KH3R3P‐100044、車検証記載重量は1940kg（前軸1060kg／後軸880kg）。タイヤはSUV用のブリヂストンALENZA 001ブランドの235／50‐20というOEM専用サイズで、外径は745㎜前後とかなり大きい。指定空気圧は前後250kPa、温間で4本とも260kPaに揃っていたのでこのまま乗る。

CX‐5との比較の際の車両はインテリアがオフホワイトで、大変明るく広く感じたが、今回の試乗車はシートが茶色、インテリアが黒で、ガラスのティンテッドの色もベンツのように濃く、室内の広さがCX‐5と大差ないことがよくわかる。

ステアリング径は実測370㎜で世界平均値だが、グリップが硬くて細めなため、実際よりも小径に感じた。

テレスコ調整幅が70㎜もあるのはいまどき珍しく、シートハイトを高くして各部を調整したら、自分の理想ドラポジにぴたり吸い付くように設定できた。

マツダ車とはいつもドラポジ相性がいい。

始動してすぐ感じたのはアイドル振動だ。

フロアかペダルから振動が入ってくるのかと思ったが、おもな室内振動源はステアリングだった。ベンツ／BMWのディーゼルでは、もはやこういう原始時代は完全に過ぎ去っている。

回転が少し上がれば振動はふっと消える。

据え切りから操舵力がずしっと重いのは気分がいい。単にパワステの設定がそうなっているだけではなく、サスの設計で力学的にも反力を出しているような感触だ。

自社製8速ATはトルクコンバーターの代わりに湿式多板クラッチを採用しているらしい。

発進は大変スムーズ。

ただし走り出してすぐにエンジン音が空気伝播で意外に室内に入ってくることにも気がついた。ベンツ／BMWのディーゼルではもはやこれもない。

確証バイアス編集長から「マツダ様がサスペンション設計でやりたかったこと」の概要を聞くと、「リヤサスをしっかり位置決めすることによって走り味を上質化する」という狙いらしい。

マツダ3に乗ったときは「ブッシュを固めサスをしっかり位置決めして乗り味／走り味の質を向上させても、

ボディが存分に強ければ乗り心地／乗り味に不快感はない」という王道のクルマ作りに大いに共感したものだ。低速のあたりがゴツガツとかなり硬いのがひょっとしてあれと同じ狙いだとするなら、それで「低速の乗り心地が悪い」というみんなの評価はいかにも短絡的ということになるだろう。

しかしいつもの麹町警察通りを走ってみると、マツダ3とは状況がまったく違った。

硬いアシからごつがつとショックが入ってきて、そのあとドカボコドコボコとボディが鳴いてしまう。

萬澤さんはリヤの巻き込み式のパーセルシェルフを叩いて「この音がしてます」と言う。確かにお安いそのポコパコとした音も混じってはいるが、その音だけではない。入力が大きくなると、どらら ん、どろん、と響きの鳴りが大きくなって、内装材が揺れるような感触もある。

ボディ周りが強靱ならサスが硬いのは快感にもなれるが、こんなにボディ周りの建て付けがゆるいと、硬い乗り味は不快感に直結する。

これは「低速乗り心地がひどい」という評判の通りだ。

ただしサス屋さんだけがへこむ話ではないだろう。

タイヤによっても印象は大きく変わると思うが、萬澤さんによると日産アリアを数日借りて家族旅行に行ったときはALENZA 001は乗り心地に関してなかなかいい印象だったようだし、私の印象でも、これはタイヤとサスというよりはボディの問題のように思う。

霞ヶ関ランプから首都高速環状線内回りへ。60㎞／h以上になると乗り心地の荒さはさほど気にならなくなった。

目地ではこつーんこつーんと鳴っているが、パカーン、トカーンという打音は出ていない。

車体姿勢が実にフラットなのは気に入った。

重心高は結構高いはずなのに、ピッチング方向にもロール方向にもほとんど姿勢変化がなく、非常に腰が座って安定感がある。ステアリングを切っても上屋がぐらつく感じは皆無だ。

ロール剛性が高いのは、ばね／スタビだけでなく、マツダ3同様に背面視でのサスの瞬間中心がすこし上げてあるからではないかと思う。とくにリヤだ。同時にリヤサスのトー方向の位置決めがしっかりしているので、操舵とともに反力がずっしり入ってくる。

SUVの2トン車とはとても思えない上質なハンドリング感で、ここは最近のベンツ／BMWの同類に勝っていると思う。

ロードノイズの感度が低い点もドイツ車より上だ。鳴り自体が低いことに加え路面の状態が変わっても、いちいち周波数が変調しない。こういうクルマで観光地のメロディラインを走ってもきっとあまり楽しくないだろう。

ふとみるとエンジンが停止していた。

これがクラッチ式のメリットだ。

踏むとその瞬間にミートしてパワーが立ち上がり、ぐぐっとジャークが出る。

48V／12・4kW／153Nmのモーターエイドだけではなく、VVT（S‐VT）でバルタイも制御しているらしいが、再始動制御は実に巧みだ。これならエンジン休止もあり、である。

レインボーブリッジを渡って湾岸線へ。

高速直進安定感は独特、ステアリングの中立が引き締まって実に安心感がある。リヤサスが勝手にうろうろちょろしないので挙動がずっしりしている。車線変更でバランスがくずれるような挙動もない。

操舵支援は入っているが、切り込みが上品でマイルドだ。自然な立ち上がりでふんわり支援が入る。

それもこれもみんなドイツ車に勝ってる。

「スポーツ」モードにすると操舵力が重くなり、操舵力が重くなると同じ操舵馬力でもおのずと舵角がすくなくなるのでアシが固まったように感じる。ATの制御も各速引っ張り気味に。

エンジンは「スポーツ」モードでもトルクの出方の変化がおだやかで、いきなりスロットル特性が変わるような感じはなかった。

モードを変えながら加速したりして、結構アクセルをどたばた踏み込んでいるのに、平均燃費が20・7km／ℓを表示していて驚いた。

なんだかんだ理屈を言っても、最終的にパワートレーンの出来を決めるのは加速性と燃費の両立だ。力があり燃費も良く、制御が自然。このパワートレーンはなかなか素晴らしい。

大黒PAで昼食をとってUターン、湾岸を晴海ランプで降り、ここでようやく運転を交代してリヤ席へ。

ベンツみたいに極低速でクルマが左右にゆらゆら揺れる動きがなぜか出るが、20㎞/hも出れば自然におさまる。

薄暗くて天井が低い後席居住感だが、背もたれがやや起きて着座位置が前席よりかなり高い（前席ハイト最高位置より地上高で実測30㎜高い）ので、前方見晴らし性はいい。

しかし後席でも低速乗り心地はやっぱり荒い。

どうも内装材も鳴ってる気がして、後席に座りながら手当たり次第あちこち拳で叩きまくってみると、ガラスルーフの天井の後半部、ちょうど後席頭上のあたりを叩くと、ばこん、どららんというまさに低速でアタックがくると毎回出ている音が鳴った。この音だけが異音源というわけではないが、この音も間違いなく含まれている。

ボディ剛性/サス取り付け部局部剛性などの設計数値は試乗印象から軽率に類推はできないが、「剛性感」という感覚的印象において言うなら現状では2トンの車重に対してかなり不満だ。このクラス最高の剛性感を持つベンツ、それに迫るPSA EMP2 バージョン3はもちろん、BMWやアウディなどの2流どころにもおよんでいない。

ただし剛性感というのはブッシュのチューニングひとつで大きく変わることもあるから、今後のチューニングに期待したい。

ルノー・アルカナに乗ったときは「打倒レクサス」という目的意識以外、まったくなんの夢もビジョンも感じないそのクルマ作りに呆然とした。数年間の惰性と成り行きと泥縄の結果がただ砂のように横たわっているだけで、濁った湖面でも眺めているような気分だった。

それに比べるとCX‐60は「こうしたい」「こうやりたい」「こういうクルマに乗りたい」という作り手の意識が明確であって、少なくともその部分に関する出来栄えはマツダ3やロードスター同様、実にすがすがしく気持ちがよかった。低速乗り心地では確かに若干まずったが、マツダ技術陣のセンスは絶対に間違っていないと思う。

ただし確証バイアスマウントの件を抜きにしても、車両開発コンセプトとスタイリングにはなんの感銘も受けない。

むかしからマツダはよくも悪くも「痛いくらいのドイツ車コンプレックス」で、ワールドマーケットでベンツ／BMWになるための商業戦術アイテムのひとつとしてあえて縦置き巨大SUVシリーズに進出したのだとは思うが、どうにもやってることが10年古い感じがする。

これが総力を結集した日本のマツダの新型車？

おそらく世界中誰しも首をかしげるのではないか。

剛性感は治るかもしれないが車両企画とパッケージとスタイリングは治らない。

STORY : 04

なにもかも好み通りの正統王道のスポーツカー

Nissan **Fairlady Z** | 日産・フェアレディZ

日産・フェアレディZ
□https://mf-topper.jp/articles/10002566

2022年11月22日

[Version ST (9M-ATx)]
個体VIN：RZ34-100064
車検証記載車重：1620kg (前軸920kg／後軸700kg)
試乗車装着タイヤ：ブリヂストン POTENZA S007 前255／40-19／後275／35-19
[Version ST (6MT)] 個体VIN：RZ34-100076
車検証記載車重：1590kg (前軸900kg／後軸690kg)
試乗車装着タイヤ：ブリヂストン POTENZA S007 前255／40-19／後275／35-19

試乗コース 横浜市の日産自動車グローバル本社が拠点。1台目は、首都高速道路・みなとみらいICから入線、神奈川1号線、湾岸線、横浜横須賀道路を走行し、横須賀ICで降線。横須賀市街を走行した後、同じ道を走行して拠点へ戻った。2台目はみなとみらいICから神奈川1号線、湾岸線を走行して大黒PAまで走行、同じ道を走り拠点へ戻った。

〝Ｚ Car〟のＵＳ販売事情

あまりの人気に国内では受注そのものを一時休止してしまった新型Ｚ、今年の国内供給台数はたった５００台らしいから、数千台受注しただけでも「受注殺到・受付中止」という話になって当然だ。

Ｚカーの主戦場は初代からとにかくＵＳマーケットである。これまでの国内販売の実績を考えればこの割当て台数も仕方がない。

横浜みなとみらいの日産本社で「イカズチイエロー」の広報車を借用し、横浜横須賀道路・下り線の走行車線を横須賀に向かって80㎞／ｈ＋でのんびりクルージングしていると、右側の追越車線を怪しげな赤いプレサージュ前期型（２００３年7月～２００６年5月）が、ふわーっと近寄ってきた。スピード違反で覆面パトカーに捕まるときのあの接近感、知らない人に因縁をつけられそうになるその雰囲気だ。

なんかやばいか。

ゆっくり横を見ると、目をくりくりさせたアフリカ系外国人が満面の笑みでサムアップしていた。

はははは。

クルマとお揃いの赤いポロなんか着ちゃってるから、愛車も自慢なのだろう。横須賀の海軍基地の軍人さんか。

横須賀市内でも黄色いＺは外国人のドライバーさんたちに大注目。身を乗り出してハンドルに顎をつけるようにしてガン見していた将校さんもいた。北米でこれからスープラ、マスタング／カマロ／チャレンジャー、そして場合によってはポルシェともシェアを競い合うクルマなのだから、この注目度はなかなかの吉兆だろう。

33年前、1989年5月の連休明け、某自動車雑誌の取材で、エコノミークラスに乗客が5人しか乗ってないノースウエスト航空747に搭乗してアメリカ西海岸に行った。

到着のその足でLAの北米日産本社に出向き、発表・発売されたばかりの300ZX（Z32）を借用してハイウェイを走り始めると、横のクルマ隣のクルマ、みんな笑顔で次々にサムアップしてくれた。ルームミラーを見るとリヤにくっついているクルマの二人のカップルまで、一生懸命フロントガラスに張り付いてサムアップをアピールしている。

ホテルのバレー・パーキングのチケットには「N・I・C・E！」と書いてあったし、取材で訪れたデイトナ・スパイダーのレプリカ屋さん（なんと本家と元祖の両方行った）でも、取材そっちのけで「お前らどこでこれかっぱらってきたんだ！」「うほー、めっちゃくちゃカッコいいな」「内装はポルシェ928よりいかしてるぜ！」「お前ら日本人が作るクルマはホントに最高だなブロー」とみんな口々に絶賛してくれて、こっちまで誇らしい気分だった。

そのときの写真が出てきたので思わず貼っとく（笑）。私にもこんな若いころがあった

んですね。

そのさらに20年前の１９６９年10月の東京モーターショーで初代Ｓ30型フェアレディＺが衝撃的な登場を飾り、70年3月に２・４ℓＬ24型6気筒を搭載した２４０Ｚを北米で発売開始するや話題沸騰、1年以上のバックオーダーを抱えて、生産を担当していた日産車体（株）では、当初２０００台／月だった生産計画を大幅修正、新工場まで建設して（71年12月稼働）最盛期には月９０００台を作りまくったと聞く。

１９７８年8月に登場した2代目Ｓ１３０型でＺ人気は頂点に達するが、その後はＵＳマーケットでの求心力は少しづつ低下していった。

*ＮＩＳＳＡＮ ＭＯＴＯＲ ＵＳＡ公表などの公表データによるＵＳ市場における販売台数
初代２４０／２６０／２８０Ｚ（Ｓ30型）36万３７４８台（１９７０〜１９７８ 7年半平均約４１００台／月）
2代目２８０ＺＸ（Ｚ１３０型）33万１７３７台（１９７８〜１９８２ 5年平均約５５００台／月）
3代目３００ＺＸ（Ｚ31型）25万８８５７台（１９８３〜１９８９ 7年平均約３０００台／月）
4代目３００ＺＸ（Ｚ32型）8万２４６０台（１９９０〜１９９６ 6年平均約１１５０台／月）
5代目３５０Ｚ（Ｚ33型）16万５６９４台（２００３〜２００７ 5年平均約２７５０台／月）
6代目３７０Ｚ（Ｚ34型）15万９３６５台（２００９〜２０２２ 14年平均約９５０台／月）

現地であれだけウケたZ32の販売台数が案外伸びなかったのは、コスパの良さで売ってきたZがスーパースポーツのように大きく重くなって高性能化し、購入金額だけでなく保険金額も高くなった影響があったと考えられる。US市場では保険金額のランキングが販売成績を左右する傾向は大きい。

Z34＝370Zの反省点もまさにその点にあったらしいが、ネットで調べたところでは、コロナ来襲の2020年のZ34＝370Zの全米販売台数は1年間でわずか1954台、月販平均162台にまで落ち込んでいた。

2019年にUSで販売開始したスープラはこの3年間で15万6010台を売って月販平均4000台超えを達成しているが、リ・クリエイションコンセプト第2弾のS550マスタングは平均6800台／月、2016年～の現行カマロが5000台／月、2008年から売っているチャレンジャーも14年間平均で3800台／月売れ続けているから、アメリカ車のライバルの売れ行きぶりにはやはりかなわない。

それにしたってZの存在感がいまや北米でも「ゼロ」に等しくなっていたとは驚きだ。

14年ぶりにモデルチェンジしたRZ34が新規プラットフォームを使えなかったのはそういう事情だろう。

もちろん日産にはそもそも20年以上使い回してきたFR‐LしかFR用プラットフォームがないのだが。

先代のZ34のカタログ掲載の側面図を透過gifでRZ34の図と重ねてみると、縦断面パッケージが先代とほとんど同じ、キャビン形状も瓜二つで、実質的にはボンネットとフロントオーバーハングを少し伸ばしただけだ。「たったこれだけの変更でよくここまでイメージを変えたものだ」と、逆に賞賛の気持ちが湧いてこないでもない。

少なくともアメリカ人は33年前のＺ32のときと同じように満面の笑顔でサムアップしてくれたのだから、希望はある。

新型Ｚ（９速ＡＴ）に乗る

国内仕様のフェアレディＺは６速ＭＴも含め６グレード、ボディカラー９色。最初に借用したのは最上級グレードの「バージョンＳＴ」９速ＡＴ仕様（６４６万２５００円）だ。

ボディカラーの「イカズチイエロー」はメーカーオプション８万８０００円。ルーフをブラックに塗り潰したのは、パゴダルーフにしてもなおキャビンが背高に見えるのをなんとか糊塗するためだろうか。

車台番号ＲＺ34-１０００６４、車検証記載重量１６２０kg（前軸９２０kg／後軸７００kg）、タイヤはＢＳポテンザＳ００７という初見の銘柄で、フロント２５５／40-19、リヤ２７５／35-19という極太サイズである。フロント２２０ｋPa、リヤ２００ｋPaというびっくりするくらい低い指定だが、冷間でぴったり規定値になっていた。

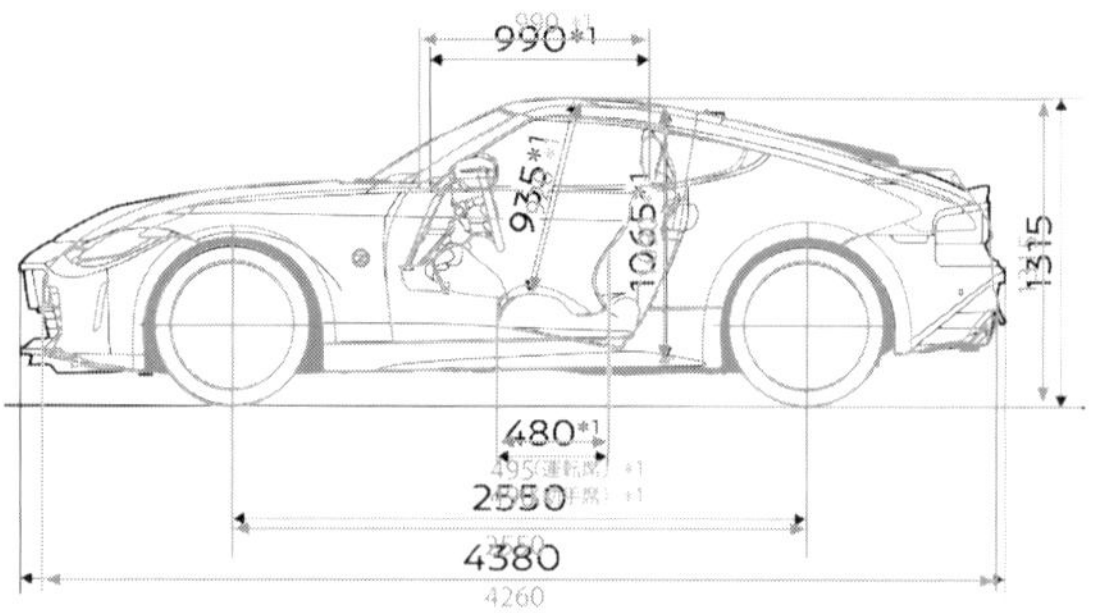

試乗開始時の走行距離7045㎞。

前後重量配分は56・8：43・2、ホイールベースはR34と同じ2550㎜で、前車軸中心から座席のスライド中心位置までは図上の測定換算値で1647㎜。つまり着座位置は前から64・6％で、二人乗車＝120㎏の64・6％がリヤにかかる計算だから、乗車時の重量配分はおおむね54・8：45・2まで補正されることになる。

シートはフルバケットタイプ。前後スライドと背もたれ調整は共に電動で、スイッチはなぜか座面の左、そして右サイドに座面のハイト調整用の手動ダイヤルが前後ふたつ並ぶ。

ステアリングコラムのテレスコ調整量は65㎜もあって（世界平均40㎜）、ややハイトを高めにして視界を確保した絶好のドラポジにすぐ決まった。

ランバーサポートが見当たらないが、腰の面圧はよく出ていて背中をフラットに支える感じは申し分ない。機械式＝レバー式のランバーサポートはなんと背もたれの左横についている。ちと異常な操作性人間工学だ。

しゅるんと静かに始動。欧州のスポーツカーのような「化石燃料無駄使いの反社会的アホウのカラ吹かし」はしない。素晴らしい。

日産本社ビルの地下駐車場のいつもの急スロープを登って公道に降りると、段差ショックが丸かった。

アシは硬めだがいかにもボディが強い。

走り始めると案の定アシがよく動いて上下動を即時ダンピング、揺動や振動が上がってこない。

「いいクルマ」の典型的な第一印象だ。

操舵するとぐっと反力が返ってきて、交差点をなめるように旋回、俊敏な加速でぐーんと立ち上がる。

「お〜、いー感じですねえ。エンジンも排気音も低いです（助手席の萬澤編集長）」。

クルマが静かだからロードノイズは目立つ。路面による周波数の変化は大きくないので嫌味はないが、音圧の絶対値はかなり高い。まあスポーツカーならそれもまた走行の実感だ。わざとくさい「サウンド」がハーンだのヒーンだの鳴り響くよりは千倍いい。

本車は安っぽいサウンド演出は皆無だった。それが本物感を高めている。日産車はこういうところが昔から好きだ。

みなとみらいランプから首都高速神奈川1号横羽線へ。上りが大渋滞だから下りの湾岸線幸浦〜本牧ルートを行く。

普通に走っているだけで車線線逸脱警報音が鳴る。

ピピピピッ、ピピピピッ。

狭い首都高の車線をリヤトレッド1595㎜もあるスポーツカーで走ってるんだから車線ぎりぎりは仕方ないでしょ。

ピピピピッ、ピピピピッ。

ピピピピッ、ピピピピッ。

これがこのクルマの最大の騒音源だ。「運転キケン」「ジジイは乗るな」「あんたにゃ無理」と、そう警告してるようにも聞こえる。スポーツカーはほかで間に合ってるんでどーぞご心配なく。

本牧ＪＣＴから湾岸線へ。

交通量が少なくて路面も平滑、車内を制圧しているのはロードノイズである。

乗り心地に厳しい萬澤さんは「案外上下の揺れの収まりが悪く、揺動が尾を引く」という。

私はそれより上下のうるうるとした振動が続くのが気になった。視線が常に細かく揺すられている感じだ。

萬澤さんは「先代Ｒ34に試乗したときキーンというデフからの高周波ギヤノイズ？がうるさくて、乗っているうちに頭痛がしてきたが本車ではまったく感じない」という。私はそんな記憶はないが、アタマ同様に聴力もむかしから少し弱いから（聞きたくないものは聞こえない性格）。

エンジンは新型３・０ℓＶ６ツインターボＶＲ30ＤＤＴＴ型４０５ＰＳ／４７５㎚。

ＶＱエンジン同様、復興なった福島いわき工場製。バンク角60度、ボアピッチ１０８㎜、オープンデッキ構造のブロック形式もＶＱと同じで、ハネウエル・ギャレット製の小径ターボはオーソドックスにバンク左右に配置する。

インパネ上部の３連メーターの中央に25万回転スケールのタービン回転計があるが、これは実際のセンサー測定値を表示している。小径ターボで回転上昇レスポンスを上げ、センサーでサージを監視するという設計思想で、左右バンク別に水冷インタークーラーを使っているのも吸気の空気容量を減らしてレスポンスを上げるためだ。ＶＶＴも電動。

そういう高レスポンス思考なのに、エンジンを6400rpmも回して400馬力を捻り出したところに設計の意欲を感じる。

レシオカバレッジが広くトップギヤが高い9速ATでは、80㎞／hでは8速1700rpm、100㎞／h＝9速1500rpmしか回らないので、アクセル開度が小さいところからの増し踏みで反応が遅れるのは仕方ない。パドルをはたいて5速までおとせば80㎞／h＝2400rpm、この回転域からなら電光石火の加速を決める。

周囲に1台もクルマがいないことを確かめて（湾岸線・磯子付近はいつもがらがら）「スポーツ」モードにセレクトし1回だけアクセルを少し踏み込んでみた。

ターボが15万回転まで上昇、3連メーター右端のブースト計は100kPa（1Bar）まで上がった。

しかしAT車のドライバビリティを決めるのはエンジンよりもATの出来。本車の9速ATはご存知のようにベンツ9Gトロニックのライセンス生産のジヤトコ製JR913Eである。

9Gトロニックはウンテルアークハイムのベンツ本社の設計、ダイムラー工場とルーマニアのスターアッセンブリーで生産しているが、富士市のジヤトコ株式会社では日産の要請でかなりお高いライセンス料を支払って2019年からライセンス生産している。どうも「各部改良OK」という契約になっているらしく、ギヤ比を変更して5速以上のステップ比を1・16～1・20へと几帳面にそろえ、レシオカバレッジを9・10に縮小した。

3・133の最終減速比と外径675㎜の275／35‐19の組み合わせでは、1000rpmあたりの計算値は直結6速で40・6km／h、7速47・2km／h、8速57・0km／h、9速68・1km／h。100km／hでも9速に入る。

変速制御の出来としては、変速するのをとにかく嫌がる9Gトロニックよりはぜんぜん積極的だが、以心伝心の神制御ではZF8HPにおよばない。

アクセル開度一定の加速や、定常的な運転では瞬間変速でシフトショックもほとんどないが、街中のダイナミックな環境では、ときどきシフトダウンで強めのショックが出たり、走行状況＋操作状況によって変速を迷って上下を繰り返し、うにゃうにゃと逡巡する場面があった。

最近やっと自分のアシが8HP車になったが（→ジュリア2ℓの最廉価版）こういう欠点はほとんど出たことがない。

横須賀ランプで降り、本町山中線元有料道路（2022年3月21日に無料化）に入るとき、前車に道を塞がれて緊急回避的に車線変更せざるを得なくなったが、重心高低く、ボディ剛性高く、ロール剛性高く、ダンピング適切なので、地面にべったり張り付いたまますするっと身を翻してかわし、実に美しく収斂した。

こういう挙動・機動こそスポーツカーの真髄だ。「鍛えてきたものがこの瞬間にすべて発揮された」、まさにそういう感じだった。

こういう挙動から比べたら最高速度だのゼロヨンだの、使いもしない全開指標なんかまったくどうだっていいとつくづく思う。

ダイエー・ショッパーズプラザ改め「コースカベイサイドストアーズ」で昼食を取って、帰路は助手席。運転していたときは意識してなかったが、後ろを振り返るとボディ後端部までキャビンが素通しで、やたらと広々している。

もちろんこれが初代以来のZの伝統なのだが、Z32の2シーターを所有してたとき（1989年8月から約1年間）は運転中いつも背中がすかすかして仕方なかった。「オレはハッチバックには向いてないな」とつくづく思ったし、以来ハッチバック車に乗るといつもそう思う（ケイマンも同）。

だがこのクルマでは運転中に背後の空間を一瞬も意識しなかった。背後にバルクヘッドがそそり立ってるミドシップ的剛性感を感じながら運転していた。うーむ。まいりました。

先代Z34は2009年デビュー、プラットフォームは2001年以来、だがスカイラインもGT-Rも含め、この系列のボディの剛性感に不満を感じた覚えはないから、もともと素性が非常にいいことは確かだ。さらに改良も積んできたのだろうが、RZ34のテールゲートの開口部を測ってみたら縦1070㎜、横1190㎜、つまりクルマの後部に1・27㎡もの大穴が空いているのだから、2ドアとはいえ上屋の後ろ半分はオープンカーに近い。それでこの剛性感は本当に素晴らしい。躯体にアルミを併用し接着線長も稼いでいる最新のスポーツカーと比べても遜色ない。若干重いことだけが難点か。

「いやなところがまったくないクルマですね」

萬澤さんがいう。その通り。なにもかも我々の好みにしっくりくる。私が先方に嫌われてるだけ（笑）。

給油すると81・2㎞を平均48㎞／hで走って12・1㎞／ℓ。3ℓターボ400馬力／1・6トンとしてはなかなか優秀だ。

新型Z（6速MT）に乗る

Zには MT車の設定がある。最後に少し報告。

試乗車は「セイランブルー」というブルーマイカのMT車。青鸞か青嵐か。グレードは同じくバージョンST（646万2500円）、この塗色はなんと17万6000円もするオプションだ。

車台番号RZ34‐100076、車検証記載重量はATよりフロントが20kg軽い1590kg（前軸900kg／後軸690kg）。前後重量配分はATの56・8：43・2に対し56・6：43・4である。

ATよりドラポジを前に出してコラムを縮めると、MTでもいいポジションが出た。シフトレバーが手前すぎるということもない。

クラッチ踏力もシフト操作も軽めだが、ともに操作感はいい。なにも意識せずにすらりと乗り始めた。交差点を曲がって何気なく踏み増しすると強力なレスポンスと加速。

考えてみれば当然で、ATは常に2000rpm以下を保つようどんどんシフトアップ、市街地60㎞／hなら5速1800rpmで走る。対してMTだと1速発進ですぐ3速に入れても60㎞／hで2700rpm、

ATより常用回転域が1000rpm近く高い。2700も回っていれば瞬時にタービン回転が上がって過給が始まり加速のキックがくる。

もちろんキックダウンを待つタイムラグもない。

ハナが20kg軽くなったせいなのか、操舵力が少し軽く感じる。

エンジンと駆動系のマウントなどはトルク変動の大きいMTにきちんと最適化してあり、欧州の手抜きMT車（ATの車両セッティングのままMTにしただけ）のようにアクセルのオン／オフでパワートレーンの大きな揺動などは出ない。

乗り心地や乗り味、操縦安定性など、びっくりするくらいATと同じ印象だ。ショックレス変速のATとでは条件がかなり違うのだから、大変よく作り込んであると思う。

ただし6段3列のMTは毎度何速に入っているのか忘れるし、低中速域からレスポンスよくパワーあるため一生懸命変速しても成果がない（どこのギヤからでも同じように速い）。

なのでだんだん変速操作が面倒くさくなってくる。

1974年にポルシェ930ターボが登場したときはパワーを誇ってワイドレンジ4速MTのみの設定、あれはなかなか達見だった。

22・8㎞を平均36㎞／hで走って9・2㎞／ℓ。燃費25％悪化、これが瞬間レスポンスの代償である。

STORY : 05

今日も明日もあさっても横置FFのEVだけは買ってはいけない

☑ Mercedes-EQ **EQA / EQB** | メルセデスEQ・EQA／EQB

メルセデスEQ・EQA／EQB
□https://mf-topper.jp/articles/10002567

2022年12月23日

[EQA 250] 個体VIN：W1N2437012J033174
車検証記載車重：2030kg（前軸1080kg／後軸950kg）
試乗車装着タイヤ：コンチネンタル EcoContact 6 235／45-20
[EQB 350] 個体VIN：W1N2436122N011274
車検証記載車重：2160kg（前軸1060kg／後軸1100kg）
試乗車装着タイヤ：ブリヂストン TURANZA T005 235／55-18

試乗コース 品川区のメルセデス・ベンツ日本が拠点。１台目は、都道316号を北上して首都高速道路・芝浦ICから入線、羽田１号線、都心環状線を走行して代官町ICで降線。「麹町警察通り」を走行したのちに霞ヶ関ICより再び入線、都心環状線、２号目黒線を走行して荏原ICで降線。都道420号線を走行して拠点へ戻った。２台目は拠点から都道316号を北上、しばらく走行したのちにUターンして拠点へ戻った。

ベンツのＥＶ戦略

２０２５年までに世界で生産する自動車のＥＶ比率を15％〜25％にすると宣言したベンツは、２０１８年９月４日にストックホルムで発表したＧＬＣ（Ｘ２５４）ベースのＥＱＣ（Ｎ２９３）を皮切りに、ハイペースでＥＶを投入してきた。発売順にもう一度整理してみよう。

■ＥＱＣ（Ｎ２９３）：ＤセグメントＳＵＶ　ＧＬＣ（Ｘ２５４）ベース　ドイツＭＢブレーメン工場／ＢＢ北京工場

■ＥＱＶ（Ｗ４４７）：Ｅセグメント１ＢＯＸ　Ｖクラス（Ｗ４４７）ベース　スペインＭＢＥビトリア・ガステイス工場

■ＥＱＡ（Ｈ２４３）：ＣセグメントＳＵＶ　ＧＬＡ（Ｈ２４７）ベース　ドイツＭＢラシュタット工場

■ＥＱＢ（Ｘ２４３）：ＣセグメントＳＵＶ　ＧＬＢ（Ｘ２４７）ベース　ハンガリーＭＢＫケチケメート工場

■ＥＱＳ（Ｖ２９７）：Ｆセグメントセダン　ＥＶ専用ＥＶＡプラットフォーム　ドイツＭＢジンデルフィンゲン工場／インドＭＢＩプネー工場／タイＴＡＡＰサムットプラカーン工場

■ＥＱＳ ＳＵＶ（Ｘ２９７）：ＦセグメントＳＵＶ　ＥＶ専用ＥＶＡプラットフォーム　アメリカＭＢＵＳＩタスカルーサ工場

■ＥＱＥ（Ｖ２９５）：Ｅセグメントセダン　ＥＶ専用ＥＶＡプラットフォーム　ドイツＭＢブレーメン工場
■ＥＱＥ ＳＵＶ（Ｘ２９４）：ＥセグメントＳＵＶ　ＥＶ専用ＥＶＡプラットフォーム　アメリカＭＢＵＳＩ
タスカルーサ工場
■ＥＱＴ（コード不明）：ＢセグメントＳＵＶ　Ｔクラス（Ｗ４２０）ベース　フランスＭＣＡモブージュ工場？
■ＥＱＧ（コード不明）：ＥセグメントＳＵＶ　Ｇクラス（Ｗ４６３）ベース　２０２４年登場予定
■スマートＥＱ：スマートベース　フランスハンバッハ工場？

ベンツのＥＶ戦略が当初から世界展開であることがわかる。

２０２１年に登場したＥＶ専用プラットフォーム（ＥＶＡプラットフォーム）も、ＥＱＥとＥＱＳのセダンをドイツ国内の２工場でそれぞれ生産する一方、両車ＳＵＶ版はアメリカで作る計画。ＭＢＵＳＩではアラバマ州ビブ郡に新しい電池工場を建設、すでに稼働中だ。

それ以外のモデルについては既存モデルをＥＶ化する。

もちろんＩＣＥ積み替えＥＶであっても縦置きＦＲ車やＲＲ車のような後輪駆動車、あるいは横置ＦＦでもリヤにもモーターを積んだ４ＷＤ仕様ならばそれで別に問題ない。

どうにもヤバそうなのは横置きＦＦ＝２ＷＤ車のＥＶ化である。

ニュープラットフォームのＥＱＥとＥＱＳのセダンについては次章で試乗することにして、まず横置きＦＦ

車をそのままEV化したEQAとEQBに乗ってみることにしよう。

幸いEQAのベースになったGLA＝H243と、EQBのベース車GLB＝X243には、2020年8月19日に本連載で試乗しており（拙書「クルマ論評6」に収録）好都合だ。

FFのEV??

日本仕様のEQAにはFF＝2WD仕様しかない。

我々の最初の試乗車はEQA250（2023年から733万円→782万円）。

なにはともあれまずはエンジンルームを開けてみた。

ぱっと見はICEの横置きFF仕様とそっくり。シリンダー上部とヘッドに相当する部分にインバーターとその水冷ラジエーターを配置、慣性主軸マウントもアルミ鋳物を使うICE仕様とほぼ同様の構造だ。モーターはICEでクランクケースと変速機がある部分に収まる。

サスペンションはフロントがストラット式、リヤはトレーリングアーム＋3リンク式でこれらもGLAとまったく同じだが、フロアに66・5kWhのバッテリーユニットが見えている。モノリス型フラットセル200枚を5つのアルミ製ケースに収めた構造だが、アルミケースがアンダーフロアに剥き出しなのにちょっと驚いた。

次は車検証。

車重が2030kgで前軸重1080kg、後軸重950kgである。

やっぱりだ。重量配分なんと53・2：46・8、これまでのBEVワーストである日産サクラの1090kg（前軸590kg／後軸500kg）＝前後重量配分54・1：45・9を更新した。

この世に「フロントの軽いFF車」くらい走行条件最悪のクルマはない。

添付の図は拙書「クルマの教室」のためにシャシ設計エンジニアが描いてくれたグラフで、横軸は「路面とタイヤによって決まるμ」、縦軸は「トラクション効率」（理論最大加速度をμで割った値）である。直結4WDは図の通り理論的にはμと同じGで加速できるが、他の駆動方式では荷重移動量によって発揮できる加速Gがμに応じて目減りしていく。

たとえば静的後輪荷重が大きい（スマートEQやホ

ンダｅのような）ＲＲ車（紫）では、μが高い条件になるほど後輪に荷重がより多く移動してトラクションが高くなる。ＥＱＥやＥＱＳのようなＦＲ方式では静止状態（μ＝０）のトラクション効率は低いものの、μが高くなればトラクションは高くなる。

ところがＦＦ方式の２ＷＤ（赤）では後輪に荷重が移動すれば駆動輪の荷重が減少するため、高μになるほどトラクションがかからない。グラフの下方に示すようにドライ路面で路面とタイヤで作るμはおおむね０・６以上の領域だ。

もちろん「加速時荷重移動率＝重心高÷ホイールベース×加速Ｇ」だから、ホイルベースが長くて重心高が低いなら、荷重移動量は減ってこのグラフの傾斜は緩くなる。

ＥＱＡのホイルベースは２７８０㎜、重心高は未公表だがテスラ・モデルＳが４６０㎜だから似たようなものだとすれば、高μでのトラクション効率はホイルベースが２４９５㎜しかないサクラよりは幾分マシかもだ。

エンジニアに聞いたところ「ＥＱＡはおそらく図中の『ＦＦミニバン：Ｆｒ・55％』の少し下くらいにこれと並行した線を引いたくらいではないか」ということだった。

ただしサクラには64PS＝47kWの出力規制がある。トルクもたかだか１９５Nm、なので晴天＋高μの市街地走行では特に問題はなかった。

それに対しＥＱＡは１９０ＰＳ（１４０kW）／３７５Nmといういっちょまえの出力／トルクである。

ちなみにこれまで本稿で試乗したＦＦ２ＷＤのＥＶは、ｅゴルフ（Ⅶ）が車検証記載重量１５９０kg（前軸

880kg／後軸710kg）で55・3：44・7、モーター出力100kW＝136PS／290Nm、バッテリー容量35・8kWh。フィアット500eが1330kg（前軸780kg／後軸550kg）の58・6：41・4、モーター出力87kW＝118PS／220Nmバッテリー容量42kWh。どちらもEQAより低出力なのにイニシャルの前輪荷重はちゃんとICE並みにかけていて、エンジニアの良識を感じる。

「重量配分は確かに53・2：46・8でも、前軸荷重はイニシャルで1080kgもあるんだからグリップして問題ないのでは」とGT‐R方式のへ理屈でお考えになる方もおられるかもだが、トラクションは車重の大小には無関係だ。凍結路、積雪路、ヘビーウエット、タイヤ摩耗状態などの低μ条件では、いかなるパワーのクルマでも結局トラクション不足が実用性に影響してくる（→「クルマの教室」参照）。

ちなみにホンダeはそのへんしっかりわかっていて最初からRR、スマートEQも同じくRR、テスラ・モデル3はRRか4WDだから、この点についてはいずれもなんの問題もない。問題はとにかくEQAである。

EQAに乗る

試乗車はEQA250（782万円）、車台番号W1N2437012J0331774、車検証記載重量は前記の通り2030kg（前軸重1080kg／後軸重950kg）。タイヤはコンチネンタルEcoContactの「6」という初見の新世代で、規定空気圧前後270kPaのところ、左が前後270kPa、右が前後260kPaだった。

ちと気色悪いがこのまま試乗することにした。

外観上はフロントマスクをＥＱシリーズ共通の「エアインテークなし・お絵かきマスク」に、リヤも左右ランプが左右連結している流行デザインに小変更しただけで、基本パッケージングやサイドビューはＧＬＡと同じだ。

全長が４４１０㎜から４４６３㎜へと53㎜伸びているが、メーカー発表の三面図を参照するとホイルベースは２７２９㎜で同値、フロントオーバーハングが９０５㎜→９１３㎜、リヤオーバーハングが７７６㎜→８２１㎜に伸びている。

２年半前に撮影したＧＬＡの写真を持ち出してホイルベースで縮尺を合わせ並べてみたが、リヤ周りが45㎜も長くなっているようにはとても見えない。トランクルーム内の奥行きを実測値してみると、ＧＬＡで７９０㎜、ＥＱＡ７７０㎜で、逆にＥＱＡのほうが短くなっていた。ただし地上からトランクの見切りまでの高さはＧＬＡ７９０㎜に対しＥＱＡ７２０㎜とＥＱＡの方がトランク床が明らかに「低く」なっているので、確かにボディパネルは別物のようだ。

インテリアに乗り込むと意匠はＧＬＡ＝Ｈ２４７とまったく同じ。

ＧＬＡは本国で２０１９年10月の登場だからまだ丸３年だが、ここ10年のベンツは１世代ごとにインテリアのデザイン思想をころころ変えており、２枚つづきのＬＣＤを真正面に向けて配置したインパネがえらく古臭く見える。

バッテリーの床下搭載による室内空間への影響はどうか。

幸いGLAに乗ったときに真面目に各部寸法を測っておいた。

前席周りはシート寸法だけでなく、フロアに対する着座位置もどうやら同じようだ。今回の試乗車はガラスサンルーフ付きだったのでヘッドルームの正確な比較ができないが、本国発表値でも座面↕天井は「1037㎜」で両車同値である。GLAの座面↕天井の実測値はシートハイトに応じて940〜1015㎜だったから、メーカー発表値は中立値ではなく最大値らしい。

おそらくGLAの設計時からバッテリーの厚みを見込んでフロアを嵩上げしてあったのだろう。

一方、後席は乗り込んだ瞬間に「床が高い」と思った。

ヘッドルームはGLA935㎜に対し920㎜、高さ180㎜近くあったセンタートンネルもフロアに埋まって50㎜くらいしか突出してない。正確な室内高の比較ができないが、リヤのフロアは多分50㎜くらい上がっているのではないかと思う。

GLAでは前席下に靴を深々と突っ込めたが、EQAでは靴先しか入らない。フロアに対して低い着座位置に座って脚を伸ばせないため、膝と腿の裏は完全に宙に浮いてしまう。長時間ではかなり疲れるだろう。

横径365㎜に対して縦寸350㎜のD型ステアリングはグリップ断面形が縦長（厚み30㎜に対し奥行き40㎜）で、大変握りにくい。指をまるめていただければお分かりのように、かなり正確な正円形を描く。したがってグリップ断面形が縦長のこのステアリングは明らかに人間用のではない。ウータンもしくはチンパン用だ。

操舵力は適度に重く、切ると反力感があっていい感じ。

極低速でクルマが左右にゆらゆら揺れるのはベンツのいつもだが、20㎞／hも出れば安定する。

パワートレーンが無音だから通常なら他の音が目立つのだが、インバーターノイズは良く遮断され、特筆すべきことにロードノイズもほとんどしない。

今日は湾岸線は上りが大渋滞、いつものように大黒行きでは帰れなくなりそうなので、品川で借用して首都高速に乗り、都心部に戻ることにする。

加速立ち上がりの一瞬のレスポンスは当然いいが、アクセル開度50％以内の普通の加速でも出力制御が強く入ってる感じで、ＥＶ的な痛快なジャークはまったく感じない。思った通りこの前輪荷重の軽さではトラクションが出ず、パワーがかけられないのだろう。

ただし踏み始めの一瞬はトルクがかかって、その瞬間にひょこ、ひょこ、と車両のピッチング変化が起きる。スクォートではなく、なんとトルクがかかる瞬間にフロントがリフトするのだ。こんな超常現象は初体験だが、これが「トルクがあるのに前輪荷重が軽いＦＦ２ＷＤ車」というものなのだろう。「間抜けの勲章」というやつか。

ずっしり安定した首都高速の走りは悪くない。

日産サクラの乗り味にはＥＶらしさのようなものがまったくなかったが、こちらは頑丈なフロアと剛性感、低重心感と安定性など、テスラ以来ＥＶでお馴染みのあの走り味が体感できる。

環状線外回りを代官町で降り、萬福乗り心地試験路＝麹町警察通りへ。

いつもの道を走り出した途端、下回りからぼこん、どたんという異音が出た。ただしダンピングは適切に効いていてあおられない。上屋が重いと加振されて上半分が大きく揺すられる感じがするものだが、それもない。ボロが出るのは主に構造的異音だ。

霞ヶ関から首都高内回りに乗り、2号線を走ってみた。

重心感が低く、ロールモーメントが小さく、ステアリングがしっかりしているのでコーナーの挙動は安定している。ただし「スポーツ」モードを選んでもお世辞にも速くない。常時出力制御が入っていてとにかく加速がもっさりしている。車重1・5トンの1・6ℓターボという感じだ。

路面の目地でぱかーん、たかーんと太鼓音が鳴り響く。タイヤ起因か。

2号線では路面のざらつきや凹凸に反応してフロア周りが結構どたどたお安く鳴る。麹町警察通りでもそうだったが、あるレベルを超えると騒音が急変する傾向がある。

荏原ランプで降りて運転を萬澤編集長に交代、後席に乗って下道で品川に戻る。

後席ではロードノイズとその変化を感じる。フロアは当然頑強だが、段差をパスすると強めのショックがきた。前席より路面感度がどうも高い。

「これと言って悪いところはないですが、EVらしい感動もまったくないクルマです。782万円というよりは550万円という感じがします。782万も出すならCクラスを買いたいです（萬澤）」

ICEのGLA180の価格がちょうど2023年から556万円（3年前は200d 4マティックで502万円だった）だから、これはなかなか鋭い意見だ。BEVにはなったが、クルマとしての乗り味や価値観はベース車とほとんど変わっていないからだ。

ボディサイズが近いテスラ・モデルYは、RRモデルでモーター出力220kW＝299PS／350Nm、車重1930kg、これが619万円。あちらは2WDでもRRだから出力のほとんどを駆動力に変えられる。モデル3の経験だとほとんどの領域で出力制御もしていないだろう。

ともかく**この先ずっと横置FFのEVだけは絶対に買ってはいけない。**

EQAは大変いい教訓である。

EQBにちょい乗りする

EQBにも乗ってみた。こちらは4WDのEQB350（2023年から870万円→906万円）。

個体W1N2436122N011274、走行距離5346km、車検証記載重量2160kg（前軸1060kg／後軸1100kg）、タイヤはポーランド製のBS TURANZA T005の235／55‐18。エア圧はこちらも前後270kPa指定だが、困ったことに前後左右とも240kPaしか入っていなかった。前に借用した人が抜いたのだろう。

さすがにＥＶでガソリンスタンドに乗り付けてエアを入れてもらう勇気は我々にはなく（ＥＶユーザーのみなさんはエア充填と洗車はどこで？）、そろそろ交通状況も混み合ってきたので（12月23日夕方）、このクルマは「参考」ということでそのまま乗ることにした。

モーターはフロント１４３kW（１９４PS）／３７０Nm、リヤ72kW（98PS）／１５０Nm。車重は１３０kgも重いが、出足からぐーんと伸びていくいい加速だ。踏み始めの瞬間のフロントのリフトも当然起きない。ただしこちらも出力制御はかかっているようで、前後合計の出力は到底出ていない印象だ。

ＥＱＡ同様ステアリングパドルの操作で回生量を変更できるが、リヤモーターがあるので回生感がＥＱＡより大きい。

ステアリングはさらに重めでしっかりしている。ただし段差に対するぼこぼこというフロアからの異音はこちらの方が大きい。ダンピングもややゆるい感じ。いずれにせよ空気圧の件があるので全部参考データである。

このクルマはむしろ後席の方が乗り心地の印象がいい。内装パッケージはＥＱＡと同様リヤのフロアが上がっているが、元々ヒップポイント地上高が高く（地上↕座面実測６７０㎜／前席最高位置＋30㎜）膝と腿の裏も座面にしっかり設置するので、座り心地自体もＥＱＡよりずっといい。ただし加速するとひゅんひゅん高周波音がする。リヤモーターからの音だろう。

３列シートは２列めをスライド（１３０㎜）させればなんとか座れなくはないが、乗り降りが死ぬほど大変で子供用だ。

「追い風参考データ」でもＥＱＡよりははるかに印象はよかったが、ＧＬＢベース車に果たして９００万円超えの価値があるかどうか。オールニュープラットフォームのＥＱＥ３５０（セダン）は１２４８万円。乗ってみないと結論は出せないが、これまでの経験では「ベンツ買うならＥクラス以上」である。

STORY : 06

EQEは熟成不足。EQS450+よりS400dが上

☑ Mercedes-EQ **EQE** | メルセデスEQ・EQE

メルセデスEQ・EQE
□https://mf-topper.jp/articles/10002568

2023年2月16日

[EQE350+] 個体VIN：W1K2951212F011006
車両重量：2390kg（前軸1150kg／後軸1240kg）
試乗車装着タイヤ：ブリヂストン TURANZA T005 255／45-19

試乗コース	品川区のメルセデス・ベンツ日本が拠点。1台目は、都道316号から首都高速道路・大井南ICから入線、湾岸線を走行して大黒PAで停車、その後神奈川5号線、神奈川1号線、1号羽田線を走行して勝島ICで降線、都道316号で拠点へ戻った。2台目は都道316号線を北上、しばらく走行したのちにUターンし、同じ道を走行して拠点へ戻った。

EQE(とEQS)のパッケージ分析

ベンツEV軍団のフラッグシップであるEQE（V295）とEQS（V297）、この2車とそれぞれの姉妹車でアメリカで生産するSUV版のEQESUVとEQSSUVの計4車は、EV専用プラットフォームであるEVA（ElectricVehicleArchitecture）を奢っている。テスラ同様リヤにモーターを搭載するRR方式が基本。2WD／4WD車ともにフロントボンネットは非開閉式だ。最大の特徴はショートノーズ／キャビンフォワードの縦断面パッケージである。

添付の図はメーカー本国発表の図版。

上がEQE、下がEQS。どちらもドアはサッシュレスだ。

お分かりになりにくいとは思うが、灰色で表示したのは従来のICE仕様のEクラス（W213）とSクラス（W

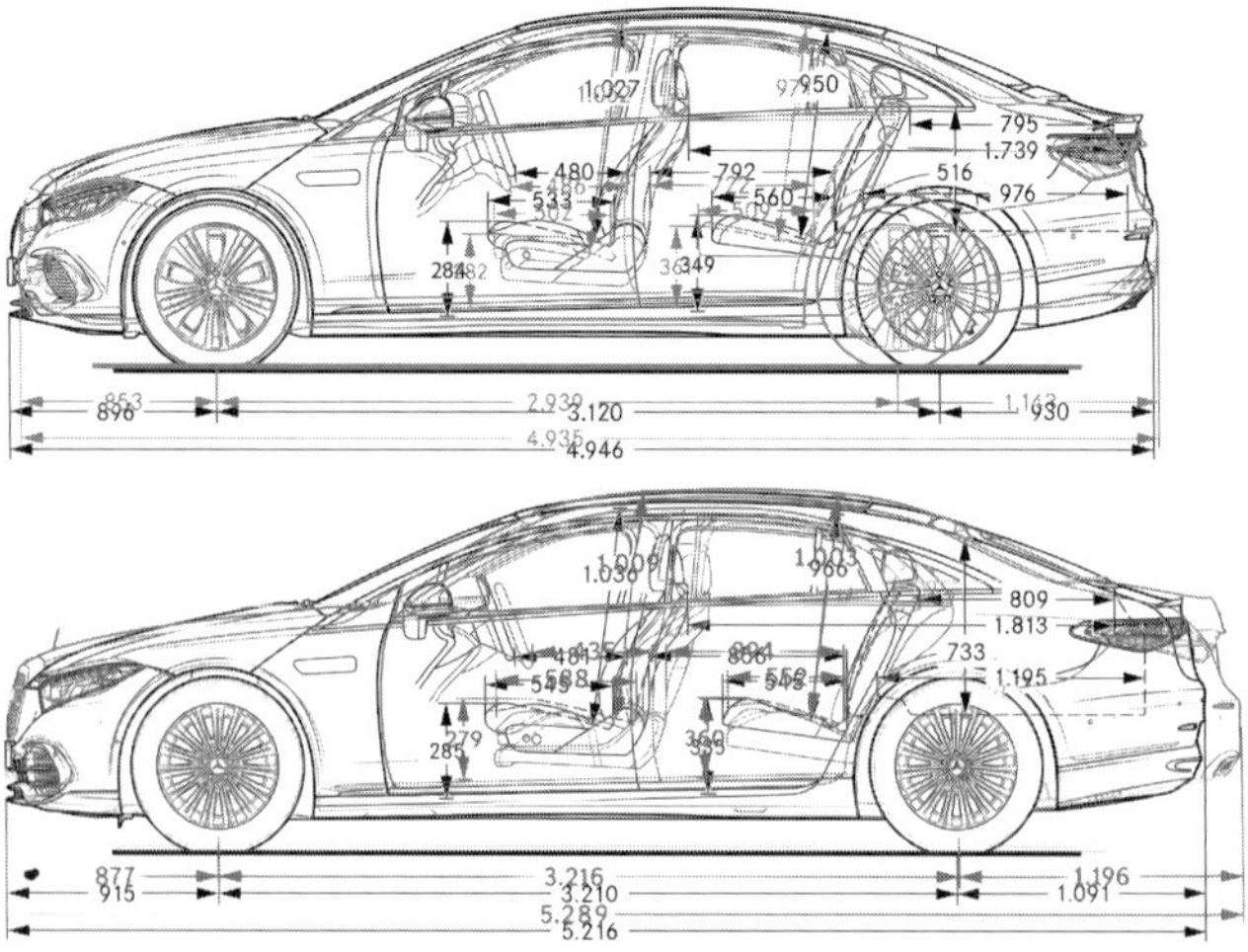

２２３）である。４車ともに縮尺を合わせ、タイヤ外径を無視して前車軸中心で重ねた。
２０１６年デビューのＥクラスはＭＲＡプラットフォーム、Ｓクラスはその進化型のＭＲＡⅡプラットフォームだが、実はフロント周りのパッケージがかなり違う。

Ｓクラスに対するＥＱＳを見ると、フロントガラス下端が前輪に対しておよそ２５０㎜も前進、ガラス上端位置も前進してコクピット前半部が大幅に拡大している。

これに合わせて前席着座位置も１５０㎜ほど前進、後席のレッグルームがＳクラスより大きく伸びた。

一方ＥクラスとＥＱＥとの比較では、フロントガラス下端はやはり約１９０㎜前進しているものの、ガラス上端位置はほぼ同じ、ステアリング位置はむしろ前輪に対してわずか後方に下がっており、前席の位置はほとんど変わっていない。

つまりＥＱＥ／ＥＱＳはフロントガラスの傾斜角を寝かせてモノＢＯＸ的なシルエットにみせているようでいて、実は車体前半部のパッケージに関しては実質的には初期のＭＲＡのパッケージに先祖かえりしただけ、とも分析できる。

両車のキャビンフォワード・スタイリングの印象を決定しているのはむしろボディ後半部だ。

ＥＱＳのホイルベースはＳクラスのショートボディ車と実質同じ（マイナス６㎜）だが、ボディをなんとテールゲート型式にし、さらにリヤオーバーハングをＳショートより１０５㎜も短縮している。

テールゲート＋サッシュレスウインドウによってＳクラスと区別化し、ＣＬＳのようなスポーティな雰囲気を出すのがねらいだろう。

ＥＱＳはジンデルフィンゲン工場だけではなく、インドのＭＢＩプネー工場、タイＴＡＡＰのサムットプラーカーン工場でも生産するワールドカーである。このスポーティなコンセプトは、おそらくＥＶ新興国の富裕層をねらった設定だろう。欧米ではテスラ・モデルＳの卒業生がターゲットか。

一方ＥＱＥのホイルベースはＥクラスより１８１㎜も長い。本国にはホイルベース３０７９㎜のロング車があるため、ロング比なら＋41㎜だ。いずれにしろこちらは独立式トランクを備えたサッシュレス・セダン形式で、リヤオーバーハングをショートボディ車比で２１３㎜も短縮、全長をショートボディ＋11㎜に抑えた。結果的に前後輪の位置に対してキャビンフォワードした新鮮なシルエットになった。近年のセダンとしては斬新なパッケージだ。

ＥＱＥの生産は本国ブレーメン工場のみ。あえてトランク付きにしたのは、ＥＶ購入が初めてのＥＵ圏のコンサバ層を狙っているのかもしれない。

ＥＱＥに乗る

ＥＱＥは同じ母体でＥＱＳに対してボディが一回り小さく軽く、ボディ形式がハッチバックからトランクになっている。そこに期待を込めた試乗である。

メルセデス・ベンツ日本から借用したのはEQE350+（1248万円）。AMGライン、エクスクルーシブパッケージ、大型ガラスサンルーフなど約137万円分のオプションを搭載した試乗車の車両個体VINは、W1K2951212F0110006、車検証記載重量2390kg（前軸1150kg／後軸1240kg）。

タイヤはポーランド製ブリヂストンTURANZA T005の前後255／45‐19、指定空気圧280kPaで前後とも冷間でぴたり規定値にそろっていた。

なんとも操作しにくい格納式ドアノブを引っ張って室内に入ると、インパネはセンターコンソールのついたT字型、フロントにエンジンがなく室内に変速機が突出していないのに一見Eクラス／Sクラスと変わらない雰囲気だ。

しかしセンターコンソールを横から覗き見ると、FR車なら変速機があるはずのコンソール下部に大穴が空いていて、大きな物入れになっている。センターコンソールはその上にかかる橋梁である。

インパネ全面は三つ星印がぶつぶつと散りばめられた樹脂製加飾パネル。夜間はさらに満艦飾のイルミネーションが周囲を取り巻く。中央にS／Cクラス同様12・3インチ＝縦550㎜×横260㎜の縦型モニター（有機EL）がある。

全面加飾というこの奇妙なインパネ意匠は、3枚のディスプレイで構成する巨大インフォシステムの採用（1050万円のオプション）を念頭においたものだが、どのみちEQE350+には設定がない。パネルもこのぶつぶつ模様が唯一仕様。

それにしてもベンツのデザイナーは「トライポフォビア」という心理作用すら知らないのだろうか（検索要注意）。

運転席に座ってドラポジを取る。

これまでの経験だと、スイッチが無可動タッチセンサー式になったベンツのドアマウント式パワーシートスイッチは感応性にかなり個体差がある。試乗車は「はずれ」で私の指にはほとんど反応してくれなかったため、シート合わせに往生した。

シートは背もたれの高さが座面から８８０㎜もあるハイバック。ヘッドレストがかなり突出している。後突時の頭部への接触時間を短くするためだろうが、ヘアスタイルによっては通常の運転状態でも髪の毛が触れそうだ。

最近のクルマにしては座面の横幅はタイトで長さも短め、膝裏に面圧が出ずに宙に浮いたようなプワな着座感だ。

一度降りて寸法を測ってみるとちゃんと国際標準を超える５１０㎜×５１０㎜。寸法上はＥＱＳと同寸でおそらく母体も同じだと思うが、ＥＱＳのシートはちゃんとたっぷりしたサイズ感があって膝裏もしっかり接していた。わざと落差をつけているとしか思えない。

このクルマもＳクラスやＣクラス同様、低速逆相操舵つき4輪操舵である。

萬澤さんに運転席でハンドルを切ってもらうと、前輪の操舵に比例して盛大に逆相に切れている。最大切れ角は4・5度だ。

システムONにして駐車場の中をゆっくり移動してみたが、当然ながらホイルベースが3210㎜もあるとは思えないくらい小回りがきく。最小回転半径はなんと4・9m。なのになぜか内輪が切れ込んでいくような違和感がぜんぜんない。

バック駐車も試みてみたが低速逆相操舵独特の軸足をはずされるような印象はゼロだ。

これこそいまのベンツの最大のナゾだが、低速域で前輪の操舵のギヤリングが非常に遅いことは確かで、あるいは可変式ステアリングギヤを使っているのかもしれない。操舵力は非常に滑らかでやや重め、しっかりした手応えがあって頼もしい。この低速逆相はとにかく文句なしに見事だ。

公道に降りてほぼ無音のままゆっくり走る。

ノーズが短く視界が広く小回りが効くので、全長5mの巨体を運転している感じがしない。Cクラスのような取り回し感だ。

非常に静かなクルマだからわずかの騒音も目立つ。一般路での40〜50km／hの走行ではサーッ、コーッという風音のような音。タイヤの気柱共鳴音のような感じだが、速度を変えても周波数があまり変化しない。良路でも常時聞こえてちょっと気に障る。

リヤに積んでいるモーターはインバーターとトランスアクスル一体の水冷式で、出力は215kW（292PS）／

525Nm。2名乗車の走行車重は2・5トン超えだから、アクセルを6割くらい踏み込んで加速してみても「350＋」というよりは「200d」といった感じのおっとりしたレスポンスと加速だ。

意外だったのは乗り心地である。

EQSの滑るような乗り心地と違って、路面のうねりや段差に比較的神経質に反応し、上下にゆすられ、同時にどしん、ずしんというどたばたした異音がボディから生じる。2・5トン車にイメージするようなどっしりした重量感がないし、ボディの剛性感もSクラスはもちろんEクラスにもおよんでいない印象だ。

EVA車のサスペンションはMRA／MRAⅡ車同様、フロントがアッパーAアーム／ロワパラレルアームのダブルウイッシュボーン、リヤも5リンク。EQS同様、EQEもエアばねと可変ダンパーが標準だ。しかしEQEのセッティングでは重い車重による上下動をいなし切れていない。

「正直、後席の乗り心地は並出来です。1300万円のクルマに乗っているというよりは800万円のEセグ中間グレードという感じです（萬澤さん）」

前席の乗り味もそんな感じだ。

本車はステアリングのパドルで回生モードとレベルを可変できるようになっている。回生を強くしてワンペダル運転もできるが、スイッチング操作に可逆性がないため、希望モードを選ぶのが非常に難しい。がちゃがちゃいじってみたがさっぱりわからない。

私は試乗でも自分のクルマでも、4回〜5回操作して操作できないスイッチは「燃えないゴミ」とみなして二度と操作しない主義なので、このクルマの回生の切り替えもいじるのはそこでやめた。

メルセデス・ベンツ日本の本社がある東品川4丁目のシーサイドパークタワー駐車場から3㎞ほど一般路を走って大井南ランプから湾岸線下りに乗る。

高速同相操舵の方は当然ながら比例制御ではないようで、中立からしっかりした反力感が立ち上がり操舵感そのものはとてもいい。

ただしエアサスの車高調整機能で高速ではストロークを短くするせいなのか、神経質な上下動が絶えず、重量感ある落ち着きにいまいち欠ける。前世紀のベンツは見事な高速安定性と高速乗り心地を誇っていたのだから、高速もこれではがっかりだ。

走行モードの切り替えにも往生した。

後席の萬澤さんが後席から視認で探して見つけてくれたスイッチは、LED画面の下にある小さくて細いタッチ式。シートスイッチとは違ってこちらは反応が良すぎて触れた瞬間に切り替わり、せっかく選択したモードが次に飛んで動いてしまう。隣のスイッチとも接近しているので、よーく眺めてながら左手の人差し指で慎重にねらいをつけ、一瞬一撃で操作しないと必ず誤操作する。

走行モードの切り替えをするだけのために80㎞/hで走りながらたっぷり3・5秒間はよそ見をしなくてはいけない。まさかそのための前車追従+レーンキープではないだろうが、いったいなにを考えているのか。

自動運転化と予防安全化を進めながら同時に、操作系の手探り操作性を一つ一つ順に根絶しにして徹底的に使いにくく変えていくこの「進化の思想」は私には到底理解不能だ。これも含め、最近のベンツはどれに乗っても、出来の良否にかかわらず「思い思い勝手に作った機械を寄せ集めてクルマにした」ような印象を受ける。チーフエンジニアの思想、主張、人格などをまったく感じない。そもそもチーフエンジニアなんていまのベンツにいるのだろうか。

大黒ＰＡで後席に乗り換える。

試乗車の後席天井には横８８０㎜×縦５８０㎜というオプションのガラスルーフ（後部は無可動＋電動シェード）がついていたからベンツとは思えないくらい後席が明るかった。テスラみたいでいい。

フロアにバッテリーパックがあるため、フロア位置の地上高は高い。

背もたれは立ち上がっているが座面は後傾しているから、トルソ角の小さい着座姿勢。それでもヒップポイントの地上高は約５９０㎜あって、前席のハイトを最大にしたときとほぼ同じだ。

座面↕天井はガラスルーフのガラス面まで９３０㎜（並寸）。本革はごわついて硬い型押しの安物だが、面圧分布は前席よりむしろいい。前後に座って膝前に20㎝の空間があるのはＥセグのおおむね標準、ＩＣＥのＥクラスとほぼ同じだ。

しかし後席の動的乗り心地も、車格を考えると及第レベルにはおよばなかった。

高速走行でも道路のうねりの上下動が加振されてダンピングが追いつかず上下の揺幅が大きい。上下揺れが大きいと横揺れも出る。さらに段差や目地の衝撃的入力ではボディからやはり、だしん、どしんという異音が出て、後席ではなおきつい。

総じてＥＱＥは２３９０kg＋乗員２名の重量を持て余して、まったくいなし切れていない。ＥＱＳとの格差をあえてつけているのも嫌な感じだが、開発も不十分で、作り込みがきちんとできていない。

むかしの西ドイツ車は発売直後は未熟でも作り続けるうちに開発が進んで、どんどん完成度があがっていくのが普通だったが、いまのベンツにはのんびり発売後の熟成開発してる暇などたぶんないだろう。

ＥＱＳに乗る

実はＥＱＳの４５０＋については姉妹誌「ＧＥＮＲＯＱ」２０２３年3月号／4月号で試乗した。こちらはなかなか印象が良かったが、ＥＱＥがこういう状況なので、確認のため別の個体にもう一度乗ってみた。

試乗車は同じく２ＷＤ（ＲＲ）のＥＱＳ４５０＋（１５７０万円）、車両個体ＶＩＮはW1K2971232A015941、車検証記載重量２５６０kg（前軸１２１０kg／後軸１３５０kg）。装着タイヤはグッドイヤーＥＡＧＬＥ Ｆ１のＡＳＹＭＭＥＴＲＩＣ ５、サイズは前後２６５／40‐21で、エアは指定２６０ｋPaのところ４輪とも冷間で２７０ｋPaにきちっと揃っていたので、そのまま試乗した。

例の１０５万円のデジタルインテリアパッケージ付きである。

インパネ中央に２２０㎜×３８０㎜の巨大なＯＬＥＤパネル、助手席の前に１０５㎜×２９０㎜のＯＬＥＤがあって、インパネ前面を3枚のインフォパネルで埋めている。街中の鳥瞰3D地図が出たり、交差点にくると中央画面に車載カメラ前方映像が写って、そこにARでナビ指示を表示したりする演出は確かに若干アトラクティブだが、「はい、メルセデス」のナビ機能自体はいつもと大差なく、Ｇｏｏｇｌｅと共同開発のナビアプリを搭載したボルボの音声認識機能の素晴らしさには10光年くらいおよばない。

このオプションはいらない。

モーターはＥＱＥ３５０＋の２１５kW（２９２PS）／５２５Nmに対し２４５kW（３３３PS）／５６８Nm。バッテリー容量は90・６kWh→１０７・８kWhで、車重も２３９０→２５６０kgと増加している。単純計算の出力重量比向上幅は６・４％にすぎないが、明らかに制御のセッティングが異なり、こちらは出足も車速の伸びもはるかにいい。

ベンツ式に言うとＥＱＥ３５０＋対ＥＱＳ４５０＋というより「ＥＱＥ２５０－（マイナス）」対「ＥＱＳ５００±０」という感じだ。

良路での乗り心地もＥＱＥとは打って変わってしっとりしていてあたりが丸く、いかにもラグジュリーカーらしい重量感をともなって優雅に走る。市街地を走っているとＥＱＥとはまったく別物のクルマのように感じるほど差は大きいが、段差や目地などある程度以上の入力があると途端に乗り心地／乗り味が急変し、ボディから異音が出ることで同じ血縁であることが露呈する。

しかし乗り味に関する明らかな欠点はここだけだ。

ＥＱＥとの大差を作っているのは出力制御と防音対策と作り込みの3点。ＥＱＥは明らかに熟成不足だが「ＥＱＳが最高になるように作ってある」というのも真相だと思う。

というわけで「どうしてもベンツのＥＶでなければダメ」なら、782万円もするＥＱＡ250でも1248万円のＥＱＥ350＋でもなく、ＥＱＳ450＋を買うのがもっとも費用対効果は高い。

しかしこの金額をベンツに払うなら、私だったら素直にＳ400ｄ（1415万円）を買うと思う。萬澤さんも同意見だ。

「いろんなＥＶに乗ってみると、10年前のテスラ・モデルＳがクルマそのものとしてもどれだけよくできていたのか思い知りますねえ（萬澤）」

2013年10月30日に試乗した初期のテスラ・モデルＳは、ＥＱＥとほぼ同サイズのボディ、85ｋWhのバッテリーと300kW（408PS）／600Nmのモーターのｒｒ2ＷＤで車重2110kg。一般路で乗り心地が固く高速直進性にも劣ったが、加速は猛烈に速く、ボディ剛性（とくに横曲剛性）が高く操縦性に優れ、操作性人間工学にもわくわくするような未来観と楽しみがあった。あれはピーター・ローリンソンの傑作だった。

この10年間、クルマは彼の入魂の作に学んだのか学ばなかったのか。

いずれにしろ「有名ブランドは一人の天才に敵わない」というのは、ゴードン・マレーの例を見るまでもなく常に明らかなことである。

STORY : 07

アルファ買うならジュリア直4廉価版一択です

☑ Alfa Romeo **Tonale** | アルファロメオ・トナーレ

アルファロメオ・トナーレ
□https://mf-topper.jp/articles/10002569

2023年3月28日

[エディツィオーネ スペチアーレ] 個体VIN：ZARNASSAXN3009921
車両重量：1630kg（前軸980kg／後軸650kg）
試乗車装着タイヤ：ブリヂストン TURANZA T002 235／40-20

試乗コース 港区のStellantisジャパンが拠点。都道409号/316号から首都高速道路へ芝浦ICから入線、1号羽田線、神奈川1号横羽線、神奈川5号大黒線を走行して大黒PAへ向かう。その後Uターン、同じ道を走行して拠点へ戻った。

3シリーズをコピーしてジュリアのスタイリングを行なったマルコ・テンコーネの良識には目を疑ったものだが、トナーレをスタイリングしたアレクサンドロ・リオキスのセンスはなかなかだ。

小ぶりなCセグサイズSUVボディ（ベンツならGLA、BMWならX1）に組み合わせたトナーレの6連眼光は近年フロントマスクの傑作である。ジュリアもマイチェンでトナーレ顔になったが、最初からこうだったみたいに似合ってる。

1・5ℓ＋VGターボ＋15kWモーター＋48Vジェネモーター＋7速DCTの新作ハイブリッドユニット、前車追従＋レーンキープ標準でスマホ接続も標準。

あなたがもしトナーレに一目ぼれして、スペックもしっかり検討のうえご契約なさったとしたなら、私はもちろんそのご判断を120％尊重したいと思う。

しかしもしすでに契約済みで納車待ちか、あるいはすでに納車済みなら、今回の私のこの原稿は絶対にお読みにならないほうがいい。

正直いうと私としても執筆放棄して敵前逃走したかった。さらに単行本にも収録したくなかった。したかったのだが「現在購入ご検討中、あるいはこれから購入をご検討なさる読者の方々も多いので、ここはあえて執筆・掲載し真摯なインプレをみなさまにお伝えすべきである」「このインプレは今年度最高の注目を集めた1本なので単行本からも絶対にはずせない」と編集長の萬澤さんに説得された。まあインプレの意味と価値というのは確かに本来そこにあるんだが。

試乗車個体はトナーレのローンチ記念モデル「エディツィオーネ スペチアーレ（578万円）」、個体VIN：ZARNASSAXN3009921、試乗開始時走行距離3820㎞、車検証記載重量1630kg（前軸980kg／後軸650kg）。

タイヤは珍しくイタリア製のブリヂストンTURANZA T002で、ふたつある設定のうち太い方の235／40-20。指定圧がフロント240kPa／リヤ220kPaのところそれぞれ250kPa／220kPa入っていて左右揃っていたので、そのまま試乗することにした。

トナーレに乗る

福野（フロントサスをスマホで照らして覗きながら）フロントはストラット。ロワは下方開断面鋼板プレスのLアームをハブキャリア側のアルミ鋳物とボルト締結してます。後方バーチカルブッシュ。鋼板部肉厚はJISでいえば2・9〜3・2㎜くらいしかないし絞りも浅い。サブフレームは鋼板プレス、嵩上げアームも鋼板プレスです。スタビは一応ストラットから吊ってますが、なんだか20世紀のサスを見てるみたい。いまどきこんな華奢なFFフロントサス開発する人がいるんですね。リヤは?

萬澤（地面に仰向けに寝ながら）お馴染みの3リンク＋トレーリングアームのFF用マルチリンクです。えーとこの形式だとトレーリングアームが弾性変形しないとサス成立しないいんでしたよね。

福野　そうですそうです（リヤサスを覗いてトレーリングアームを掴む）あれトレーリングアームはパイプだな。
萬澤　そうなんです。剛体なんです。
福野　じゃハブ側が軸支持でしょ。それなら成立。
萬澤　いえいえハブ側もブッシュなんです。
福野　前後ピン支持？　そんなのありですか？　えーと……構成要素がリンク3本とトレーリングアームとハブキャリアの5つだから自由度はごろく30、ピン拘束が8ヶ所ではちさんマイナス24、軸回転4本でマイナス4。てことは、えー合計28自由度だから残自由度「2」になっちゃってサス成立しないね。これじゃキャンバーが定まらずぶらぶらだよ。へんだなあ。どうなってるんだろ。

クルマに乗り込んでメインスイッチオン。

ステアリングは横径360㎜、縦径350㎜のD型。握りが太くて柔らかい。

リムにあるスタートボタン、そしてコラムについているアルミ製の極上世界一パドルなど、手元のコントロールはジュリアと共用部品だ。

インパネの基本レイアウトはなぜかいささか若干古臭いが、インテリアのパッケージそのものは大変健全だ。

シートはフロアに対して前端で310〜350㎜と高めにセット、室内中央でのフロア↕天井高は1220㎜とたっぷりあるから、座面↕天井間は930〜990㎜と十分。ヒップポイント地上高は540〜620㎜。左右シートのセンターディスタンスは700㎜と、全幅1830㎜のクルマとしては標準的だ（数値はすべてラフな実測値)。

電動シートのハイト調整を最高位置までいったん上げてから下げていくと、高い視点から車幅感覚を掴みやすい好ましいドラポジにぴたり決まった。

地下駐車場内をゆっくりスタートする。

本車はEV走行可能。場内を無音でモーター走行していくが、妙にごろごろとしたタイヤの回転感がフロアからシートに伝わってくる。まるでエンジンが始動しているような振動感だが、いや始動してない。

福野 このステアリング、なんかへん。ギヤが速くて操舵力はそこそこ重いけど路面感覚が極端に乏しい。反力がまったく返ってきません。右に切ってるのか左に切ってるのかわからない。このゼロ感覚で狭い駐車場の中を走るのって、めちゃめちゃ怖いです。フロントぶつけそう。

いまにもひと雨きそうな曇天の芝5丁目札の辻に駐車場のスロープを上り切って出る。公道に降りる際、歩道の段差で強いショックが「がつん」と上がってきた。サブフレーム→ステアリング系とサブフレーム→車体全体と伝達して、ボディ構造が「ぎしゃっ」と鳴く。

福野 なんだこら。

萬澤 リヤもボディから派手に構造的な異音がしました。

福野 まあ…あの前サスなら納得かもな。20世紀的な設計そのままのイメージのフロントのあたり感です。いかにもサブフレーム周りがへなへなに弱い感じ。まるでスバル。

札の辻交差点を左折して海岸通りへ。

福野　ちょっと入力が大きいとボディから構造的異音が出ます。やっぱこれは前時代的です。これもし麹町警察通りなんか持ってっちゃったら大変なことになるよ。あとロードノイズすごくね。

萬澤　近年ないくらいすごいです。なんかクルマの内装全体が共振して鳴ってる感じです。

福野　20世紀だよ20世紀。なんだこのクルマ。

萬澤　ヴェローチェ用の235／40‐20が完全にオーバーサイズなのかもしれませんね。

福野　まったく履きこなせてない。このアシとボディじゃ40扁平なんか無理。

萬澤　TIは235／45‐19です。

福野　いやいや700㎜径なら215／55‐18くらいがこのボディ＋アシには限界でしょう。195／65‐17でもいいくらいでは。これホントに新型車ですか？　PSAでたとえたらEMP1になるさらに前の、PF1のレベルなんですけど。

海岸通りを下っていく。

萬澤　（スマホで調べながら）福野さん！　％＄＃￥＋＠＆％！

福野　ロードノイズがデカくて声が聞こえないです。なんですか。なに。

萬澤　大変です。これSTLAミディアムじゃありません。プラットフォームはフィアットSCCSです！

福野　SCCS？

萬澤　うっかりしてました。事前に調べとくべきでした。
福野　じゃあフィアット500Xってこと?
萬澤　500Xとジープ・レネゲードです。500Xとレネゲードはショートシャシですが、これはSCCSの「スモールワイド4×4LWB」ですからロングシャシ版です。つまりえー、コンパスとコマンダーです。
福野　なーるほど。そういうことね。動き出した瞬間からなんかおかしいと思いましたよ。失敗しましたね。
萬澤　2006年登場のプラットフォームです。
福野　萬澤さんわかった。リヤサスはあれマルチリンクじゃない。ロワが並行リンクで、トレーリングリンクで前後方向の位置決めしているストラットですよ。むかし懐かしいFFリヤ用ストラット（構成要素5＝総自由度30、ピン支持7ヶ所＝-21、ストラット拘束-4、軸回転-4、残自由度「1」）。
萬澤　そうか。暗かったんでアッパーアームが見えないだけなのかと思ってました。先入観というのは怖いですね。見た瞬間にFF用マルチリンクだと思い込んでました。まさかリヤもストラットだとは。
　ストラット式サスはクルマが静止している状態では接地点に対する瞬間中心の方向は地面よりやや上向きだが、サスが縮むと瞬間中心の位置が移動し始めて急激に遠ざかっていくとともに地面に近づいていき、ストラット軸とロワアームが直角になるまでバウンドすると瞬間中心の方向が地面より下になる。
　すなわちアンチロール率が0％以下になって、荷重移動によって生じる沈み込みよりもさらに大きく沈もうとする力が作用する。これによって操縦性に腰砕け感が生じるので、ダンパー、ばね、スタビライザーなどのチューニングでロールを抑えなくてはいけないが、一方でロールが大きいから荷重移動量は小さいため、FF車のフロントに使うと旋回内輪の荷重が確保されてトラクションがでやすい。

同じ理由でFF車のリヤには向いていないことになる。これがFFのリヤサスでストラット式が絶滅した理由だ（出典「クルマの教室」）。

福野　返却しましょう。これ以上乗っても無駄。

萬澤　いえでも……非常に人気の車種で各媒体取り合いのところを大変無理言って貸していただいたので。それに500Xはともかくレネゲードはあれでなかなかそれなりに良かったじゃないですか。

福野　だって500Xとレネゲードって当時300万円クラスのクルマですよ（試乗した2015年12月当時の価格は500X：286・2〜334・8万円、レネゲード：297・0〜340・2万円。現在はニュー500X：430・0〜435・0万円、レネゲード：435・0万円〜）。

萬澤　いえトナーレはパワートレーン新開発ですから。ターボはVGだしモーター付き7速DCTです。それにレネゲードもプラグインハイブリッドの「4Xe」ならいまは584万円します。

福野　まあどうしても乗りたいって言ったのは私ですからね。すみません。大金をかけて新規で作ったジュリアの出来が良かったから、ついうっかりアルファをまた信じる気持ちになってしまってました。まさかSCCSを使いまわした新型車をいまごろ出してくるなんてね。まんまとやられましたよ。

萬澤　考えてみたら私がアルファに幻滅したきっかけだったMITOもSCCSでした（2008年登場）。とりあえず大黒までは行きましょう。

芝浦ランプから首都高速1号線下に乗る。

アクセルを踏むと反応らしい反応（＝加速）がない。ワンテンポ遅れてＤＣＴがキックダウン、エンジンが唸り音を上げてパンチのない加速を開始する。

福野　回転上がっても吠えるだけでぜんぜん加速しない。これのどこがＶＧターボなの。パワーのないＣＶＴ車みたい。

萬澤　エンジンは１６０PS／２４０Nmありますから、まずＤＣＴでしょう。

福野　ＤＣＴの制御は確かに死ぬほど鈍いですけど、これは車重に対してパワーなさすぎですよ。

首都高速1号線の走行車線を交通の流れに追従して走る。

アクセルを少し踏み込むたびに1段か2段キックダウンする。重い車重に対してエンジンのパワーが根本的に足りないからキックダウンするのに他ならないわけだが、キックダウンの動作反応自体もまた極端に鈍い。本来ならターボラグやこのキックダウンのタイムラグをモーターがエイドしてくれるはずなのだが、１・７トンの巨体には15kW／20PS程度のモーター出力ではまったく効果がない。

福野　本当にモーターついてるんですか。存在感ゼロですよ。

萬澤　まったくびっくりですね。

福野　ＤＣＴの制御も最悪です。アクセル全開にしてキックダウンするまでの時間数えてみましょうか。「ｎ」

モードです。行きます。せーの（アクセル全開）1秒……2秒……3……4（ここでキックダウンしたのでアクセルを戻す）フル4秒ですね。キックダウンするまで4秒かかる。世界記録だよ。しかもその感ほとんど加速してないからね。アクセルオフってもキックダウンしたままギヤが上がってこないな。ははは。まだ上がって来ない。いまあがってきました。猛烈にアタマ悪いか壊れてるかのどっちかだなこれは。

萬澤　……。

福野　「d」モード（＝スポーツモード）でいきます。はい（アクセル全開）1……2……3（ここでキックダウン）3秒です。こんな鈍感なDCT、いままで乗ったことない。イタリアに電話して聞いてんのかな。

萬澤　みんなで会議してキックダウンすべきかどうか決めてるとか（笑）。

福野　ターボの可変A／Rも体感効果ゼロ。確かにクルマも重すぎるけど、普通もう少しなんかあるでしょ。

萬澤　さきほどから後席から見てると福野さんのハンドル操作がやばいです。流れに乗って走っているだけなのに常時左右に修正してます。

福野　だってギヤがアホみたいに速いんだもん。走行車線でトラックについて走ってるだけでも手に汗握ってますから。反力ないのにゲインは高い。直進性やばい。

萬澤　静荷重ではフロント60・1％ですが、全高1600㎜で高そうな重心高に対してホイルベース2635㎜と短めですから加速時にはフロントの荷重がかなり抜けますよね（**加速時荷重移動率＝重心高÷ホイルベース×加速G**）。そういうクルマのステアリングギヤ比を速くするなんて、なに考えてるんでしょうか。高速でも路面感覚ないですか。

福野　いやーもうキャスター角ゼロでイニシャルトーアウトでスクラブゼロって感じ。追越車線なんて怖くて出れない。すみません本当です。ウソなんか言わないですよ。ウソ言う方が難しい。

リヤ席に乗る

なんとか大黒ＰＡに到着。

正直気疲れでもうへとへとだ。

ここで運転を交代し、いつもの通り後席へ。

福野　やれやれ。このクルマはもう二度と運転したくない。それにしても後席真っ暗ですね。後席サイドウインドウのティンテッドが極端に濃く、天井もインテリアも黒なので、ひとむかし前のベンツのような穴蔵感だ。

シーティングパッケージは前席同様健全、ヒップポイントは地上６３０㎜で前席のハイト最高位置よりさらに10㎜高く、この状態で座面↕天井９３０㎜を確保している。

前後に座ったときのニークリアランスは私の場合で21㎝とＤセグセダン並だし、しかも助手席の下部には広大なスペースがあって靴ごと足がすっぽり入る。

本車は車両フロアトンネル部に容量約11ℓ／0・77kWhの48Vリチウムイオンバッテリーを吊り下げているが、後席センタートンネル部には突出部はない。後席フロア部のトンネル寸法はFF車の通常通りで高さ約100mm、幅約230mmだ。

前後シートは本革だが、実際には本革は着座部と背中だけで残りは合皮。合皮部は冬は冷たく夏は暑いが、しなやかさと伸び感は、軟化処理をケチったのをパーフォレーションで誤魔化した安革よりもむしろいいくらいだ。

雨足が強くなってきた。

萬澤　（ゆっくり走り出す）うわ。なんだこのハンドル！　どっち切ってるのか全然わからない。

福野　危ないから運転気をつけてねー。マジ危ないんでー。雨も降ってきたしー。

萬澤　本当に前輪がどこにあるのかまったくわかりません。接地感がないです。縁石が…縁石にぶつけちゃいそうです。よく福野さんこんなクルマ運転しながらインプレしてましたね。ひえー。

大黒PA名物「スピード抑止段差」を超える。

ぎゅっしゃん、ごしゃっ。

福野　後席は構造的異音さらに数段ひどいね。現代のクルマじゃない。昭和かよ。

萬澤　はははは昭和は言い過ぎです。

本線に合流。

萬澤　アクセル踏んでもエンジンがほとんど加速しません。待ってるとキックダウンしてエンジン回転が異常に跳ね上がるのに、それでも加速しないので、まるでＣＶＴのラバーバンド制御みたいです。

福野　後席は高速だと上下揺れに伴って横揺れもかなりきますね。横８の字の包絡線を描いて揺動してます。

萬澤　前に乗っててもリヤが横揺れしているのがわかります。…これ本当に車線をキープして走るの怖いですね。反力がなくて路面感覚がないのに、切るとギヤが速くてゲインだけは高いので。

福野　ここ5年間で最大の地雷。

萬澤　カッコいいしアルファだしスペックいいからうっかり買っちゃいますよね。

福野　これで５８０万円。

萬澤　ＴＩ：５２４万円、本車：５７８万円、ヴェローチェ：５８９万円です。

福野　ヴェローチェだともう少し加速はマシなのかな。

萬澤　いえエンジンスペックは3車同じです。

福野　そのお値段ならジュリアのＴＩ（５７３万円）を心からお勧めしますよ。まったく売れてませんがジュリアはいいクルマです（と思ったらマイチェンで２００PS／３３０Nmの廉価版モデルは廃止、直4車は６８０～７００万円もする２８０PS／４００Nmのヴェローチェ系だけになった。まあ多分クルマのことは何も知らないド素人が輸入車種の選定をしてるんだろうから、ラインアップがとんちんかんなのはもうしょうがない）。

萬澤　ＣセグＳＵＶならＤＳ３クロスバック（４２３・０～５５９・３万円）が良かったです。

福野　あそうか。いまやみんなステランティスなんだから旧ＰＳＡを薦めればいいんだな。えーとＥＭＰ１ならＤＳ３クロスバックいいけど、ＥＭＰ２Ｖ２かＶ３＋１・２ℓターボ＋８ＡＴ車なら、基本レベルは高い。Ｃ５Ｘは趣味が酷すぎるからともかく、３０８とＤＳ４はいいね。この値段払うならＤＳ４（４２５・４～６０４・６万円）かな。

萬澤　でもアルファロメオはブランドファンが多いですから。メカにしっかりカネかかったいいクルマです。

福野　だからお願いですからジュリア買ってください。２００PS／３３０Nmでも十分速い。中古がとても割安なのでおススめ。ただしトラブルは知らん。

萬澤　個人的にはステルヴィオはちょっとあれでした・。

福野　そもそもステルヴィオの日本仕様は４ＷＤのみで、価格帯がトナーレとは違いすぎる（７３６万円～）。

萬澤　いやーそれにしてもトナーレ地雷ですね。マジやばいです。いまの世の中でこんなこともあるんですね。どうかみなさま、お気をつけになってー。

53・２㎞を平均車速21・０㎞／ｈで走って13・４㎞／ℓという結果だった。

本当にどうもすみませんでした。アルファ買うならジュリア一択ですので、どうぞよろしくお願いします。

STORY : 08

4WDなら異次元カーライフが待っている

☑ Nissan **Ariya** | 日産・アリア

日産・アリア
□https://mf-topper.jp/articles/10002570

2023年4月17日

[B6 2WD] 個体VIN：FE0-101003
車両重量：1960kg（前軸1050kg／後軸910kg）
試乗車装着タイヤ：ダンロップ SP SPORT MAXX 050 235／55-19
[B9 e-4ORCE limited] 個体VIN：SNFE0-200118
車両重量：2230kg（前軸1080kg／後軸1150kg）
試乗車装着タイヤ：ミシュラン PRIMACY 4 255／45-20

試乗コース 横浜市西区の日産自動車グローバル本社が拠点。1台目は首都高速道路・みなとみらいICから入線、神奈川1号横羽線、神奈川3号狩場線、横浜横須賀道路を走行して逗子ICで降線。復路は同じ道を走行して拠点へ戻った。2台目はみなとみらいICから入線、神奈川1号横羽線、神奈川3号狩場線、湾岸線を走行して幸浦ICで降線、同じ道を走行して拠点へ戻った。

栃木工場の生産設備の改変・一新と並行して開発した超大作日産アリア。

２０２１年６月４日に発表・予約注文開始、２０２２年５月12日に66kWhバッテリー搭載ＦＦバージョン「Ｂ６」を発売。予約状況に供給が追いつかずフェアレディＺとともに同年８月１日には予約注文を一時停止するという事態になったが、ようやく91kWhバッテリー搭載車「Ｂ９」、そして前後モーターの駆動力精密制御などによって画期的な運動性能の実現を目指した「ｅ‐４ＯＲＣＥ」を搭載する４ＷＤバージョン「Ｂ９ ｅ‐４ＯＲＣＥ」が納車を開始した。

ＦＦモデルＢ６の発売当初、さっそく広報車を借りてロングツーリングに出かけたという萬澤編集長から「すごくよかった、欲しいくらい」という絶賛報告を聞いていたものの、せっかくなら試乗は91kWh＋４ＷＤ＋駆動力制御の「Ｂ９ ｅ‐４ＯＲＣＥ」が出てからにしようと待っていたら、いつものようにこんなタイミングになってしまった。

「１階に『Ｂ９ ｅ‐４ＯＲＣＥ』のカットモデルが展示してありますよ」

横浜市のみなとみらい地区にある日産グローバル本社地階の広報車貸出窓口でそう聞いて、試乗前に１階のギャラリーに見学にいってみた。

添付写真がそのカットモデル。

バッテリー単体の様子もうかがえる。

フロントガラス下端を前進させ、ボンネットを短くしたキャビンフォワードっぽいシルエットのクルマだが、こうやって断面を見ると前席の着座位置はホイルベースの真ん中あたりにあって、インパネの前後長が非常に長いことがわかる。ようするに「なんちゃってキャビンフォワード」に他ならないのだが、アリアのパッケージで画期的なのはそこではなく、カットモデルでお分かりのようにHVACを室内から追い出してエンジンルーム側に入れたことだ。

これによりインパネ下部フロアが真っ平になって足元が広々として、フロアトンネルのない後席と同じ印象になった。

フロアに搭載するリチウムイオンバッテリーは先発B6=FFの66kWh版の192セル12モジュールから、B9では16モジュールに増加、単体重量が450・7kgから578kgに増加した。

幅1456㎜、長さ2099・4㎜のユニットサイズ自体は基本的に変わっていない。

フロア下部は前後左右の樹脂パネルでカバーしており、中央部の長方形のパネルだけが発泡材だ。高周波ノイズの防音対策か。

フロント周りは横置きFF車と似たレイアウトだ。

160kW/300Nmの前部モーターは、8極式巻線界磁の磁石レス

ローターを備えたモーターユニット＋減速機＋高電圧コンバーター＋インバーターを前車軸上・横置きにサブフレーム搭載、大容量のブッシュを介して慣性主軸でも車体マウントしている。

一方DC／DCコンバーター＋車載充電器＋ジャンクションボックスを一体化した高電圧供給ユニットは、エンジンルームのバルクヘッド上端に左右一対づつボルト止めしたアルミ鋳造製ブラケットから2本のシャフトで吊り下げ、フローティングマウントしている。ここはちょっと面白い設計だ。

シャシ周りは、軽量化よりもコストダウンを優先した感じの古風な設計という印象。

フロントサスペンションは鋼板溶接構造のサブフレームにLアームのストラット。タイロッドの位置には自由度がありそうに思えるが、横置きFFと同様、車軸後部に置いている。ただしタイロッド長さはロワアームにそろえてあるので、トー干渉は大きくない。

ショールームのカットモデルには鋼板溶接と思しき不細工なLアームがついていてギョッとしたが、実車を覗いたらここはちゃんと立派なアルミ鍛造製品だった。

「B9 e-4ORCE」は後部車軸上（後席背後下）にフロントと同じ160kW／300Nmの出力のモーターを搭載する。

リヤサスは鋼板製のアーム上にばねを乗せ、鋼板とアルミのアッパー／ロワリンクとともに構成するマルチリンク。サブフレームはこれも鋼板溶接構造で、ボディマウントブッシュの容量は実に巨大だ。

床下にバッテリーがある高床式構造だから、フロアに低めに座席をセットしても前席のヒップポイントは地上

620～700㎜、後席は660㎜と高い。

しかし全高も一見の印象より高くて1665㎜もあるから、キャビン中央部でフロア↕天井の高さを実測してみると、ガラスサンルーフの中央部のフレームまでが1215㎜もあった（以下数値はラフな実測値）。

前席座面↕天井は860～950㎜、後席座面↕天井は930㎜で、いずれもDセグのセダンとおおむね同等の高さ／横幅方向の居住寸法を確保している。

ホイルベースは2775㎜。前後席に座った時の前席背面↕膝のスペースは私の場合で25㎝。ここは最近のDセグセダンの平均値よりやや長い。

地下駐車場で本日の試乗車と対面し、座ってみる。

フラットな前席フロア、そこに張り出した前後パワースライド式のセンターコンソール（すげえ）、水平基調のインパネと幅90㎜もある横型の液晶式パネルなどの風情は悪くないが、液晶表示部はメーター部が幅285㎜、センターインフォ部の幅が305㎜、高さはいずれも105㎜で、ナビ画面としては明らかに小さく見づらい。ベンツの旧設計同様、ドライバーもパッセンジャーも無視して単にまっすぐ後ろを向いているだけで、機能的にはどこも面白くない。

ヒーコン操作はインパネ正面に設置した透過照明式のパネル面一タッチスイッチで行なう。触るとノックがフィードバックされて操作感が指先に伝わる機構だ。メインスイッチを切ると消灯してスイッチは見えなくなる。

操作頻度の低いヒーコンならまあこれでもいいが、走行中にしか使わない走行モード切り替えまでこの方式

（場所はセンターコンソール＝手元）にしたのは明らかに愚かな決定だ。

Ｂ６（ＦＦ）に試乗してみる

最初の試乗車は1年前に登場したＦＦの「Ｂ６」５３９万円。

車台番号ＦＥ０‐１０１００３。車検証記載重量はカットモデルのシャシを見た印象のとおり、１９６０kg（前軸１０５０kg／後軸９１０kg）と重い。

幅７４０㎜×長さ８３０㎜のガラスルーフのおかげで、暗い色調のインテリアと濃いティインテッドにしたリヤサイドウインドウにもかかわらず、乗り込んだ車内はそれほど穴倉的でもない。

だが念のため装備表を見てみると、この「パノラミックサンルーフ」は、プロパイロット、オーディオ、室内ライティング、シャークフィンアンテナなど、どうでもいいような装備と抱き合わせで57万５３００円もするオプションだった。

いかにも室内の防音に貢献してそうな分厚いカーペットも7万４８００円もするディーラーオプションらしい。

それらを含めれば試乗車の価格はなんと６４４万円。うっかりしていると６４４万円の車に試乗しながら５３９万円の価値観を測ることになりかねない。まこと広報車は油断ならない。

1台目のこの試乗車には実はもっと大きな問題があった。

だらだら報告せずに先に言ってしまうと、日産本社から逗子まで67・8㎞を試乗したこの個体の乗り心地・乗り味の印象は、萬澤編集長が感じたという1年前の試乗印象とはかなり違って、走り味全般に洗練度が不足した、いささか荒っぽいものだった。

一般路でも高速でも前席では路面の凹凸に応じて神経質な上下動が絶えなかったし、後席ではとくに一般路面では上下左右に早い周期でふりまわされるような乗り心地で、洗練された未来的EVというイメージにはまったくそぐわない感じだった。

ステアリングセンターの反力感が乏しいのに操舵に対する反応は高めという操舵感の影響で、直進性も低評価である。

試乗車は2022年3月31日登録のベテランで、走行距離は試乗開始時点で1万3943㎞。前後235／55‐19サイズのDUNLOP SPORT MAXX 050タイヤも「当時もの」だった（空気圧は冷間で前後260kPaに調整して試乗）。

これまでの長い経験からして、テストのために手荒く扱われる広報車の場合1万㎞以上走った車両とタイヤでは、乗り心地・乗り味についての公平なインプレはかなり難しい。

萬澤さんも「こんなじゃなかった」「おかしい」と首を傾げるばかりである。

この個体の状況をもってこれまで1年で累計3963台を生産・販売し市場でも評論家にも好評の「アリアB

6」を酷評するのが公平でないことは確かなので、インプレの詳細は書かないことにする。

電費は往復67・8kmを平均車速59km／hで走って6・9km／kWhだった。満充電からSOC20％までの航続距離は365kmといったところか。

B9 e-4ORCEに乗る

気を取り直して本日のメインイベントの「B9 e-4ORCE limited」に乗る。

車両価格790万2000円。

ただしこちらはガラスルーフなどは最初からフル装備らしいから、先の試乗車との実質的な価格差は150万円ほどだ。

試乗車個体の車台番号SNFEO-200118、車検証記載重量2230kg（前軸1080kg／後軸1150kg）。タイヤはミシュラン・プライマシー4の255／45-20で、指定圧240kPaのところ冷間でフロントが16〜20％高い280と290kPa、リヤが左右16％高圧の280kPaになっていたため、すべて規定まで落とした。

こちらは試乗開始時の積算走行距離3691km。

システムをオンにしてゆっくりスタート。

タイヤがひと転がりした瞬間の前席の私の反応は「お。こっちはセンターから反力出てる！」、後席の萬澤さんの反応も「あ。こっちは角が丸い！」。二人同時に叫んだのが面白かった。

平滑な路面で通路が狭く、四角の柱の存在が威圧的なビル地下駐車場の取り回しでは、結構いろんなことがわかる。着座位置と視界と車幅感覚、操舵力と反力とステアリング形状。

加えて日産本社の駐車場は出口の急坂で低速のトルク感のチェックもできる。デイズのＦＦ＋ＮＡエンジン＋ＣＶＴ仕様車がこのスロープを登れなかった件（２０１９年6月28日発生の事件）は一生忘れられない。

外道に出る歩道の段差でも、先ほどとは別のクルマのようにショックが丸かった。つるんと超えてドシっと座る。これこそ2トン車、いや実車だとほぼ2・4トン車か。

走り出すと回生最強のワンペダルモードになっていたので、慌てて切り替える。どうもあれは苦手だ。

乗り心地は独特。頑強で重い一枚岩のフロアをソフトなばねで懸架している雰囲気でちょっとふんわりした感じなのに、ピッチング方向の揺動がまったくない。この道で乗って驚嘆した日産ノート4ＷＤ（２０２１年5月25日）同様、前後モーターの駆動力制御でピッチングをコントロールする制御をやっているようだ。

すり減ったダンロップと比べては申し訳ないが、プライマシー4の20インチはこの車重を乗せるとトレッドもサイドウォールもしなやかで、丸くて静かでなかなかいいフィーリングである。

いまのところプライマシー4で乗り心地の印象が悪かったことは一度もない。

みなとみらいランプから首都高速下りへ上がる。

本線合流の加速が気持ちいい！

車重はＦＦに対して２７０kgも増えているが、出力は倍。前後で３２０kW（４３５PS）／６００Nmだからトンあたり１９５PS。これだけでいうと車重１・６トンのセダンに３１０PSのエンジンを積んでいる程度だが、アクセル開度が低い領域からの踏み増し加速では前後モーターが発生する出力がそのまま駆動力に変わっているような「トラクション効率１００％感」がある。

前方のクルマをなんらかの理由で抜きたいときは、アクセルペダルを数割踏み込めば一瞬で追い越し完了、ただちに元の速度に戻れる。

「踏んでいる時間が短い」というのはそれだけで大きな予防安全だということが実感できる。

先ほどは神奈川3号狩場線を回って横浜横須賀道路に乗ったが、今回は湾岸線で本牧を回っていくことにした。３号線のバイパスとして機能しているから道はがら空き。ただし誰も走ってないから交通の流れに乗るわけにいかず、逆に制限速度の80km／ｈで走るしかないのがここのいつもだ。

この誰も走ってない道でなら、手元をよーく見て指先の狙いをつけないと操作できない「手探り操作性ゼロ」のモード切り替えスイッチも安全に「スポーツ」に切り替えることができる。

コツンとノックがあって切り替わった。

アクセルレスポンスが鋭くなって、踏んだ瞬間にジャークが出る。アシの硬さ／柔らかさの感じは変わらないのにピッチングの姿勢変化はさっきと変わらないから、姿勢制御への介入も大きくしているのだろう。としてもなんの違和感もない。
直進性もＢ６＝ＦＦとは別世界だ。

センターにねばりと手応えがあるので、５㎜の操舵で修正できる。さっきはあれほど嫌だったステアリングホイールのリムの表皮の硬さ（パッド感皆無）と９時15分のグリップ部の縫い目の突出の不快感が、こっちではまったく気にならない。ようするにステアリングを常時握りしめていなくていいからだ。さらにステアリングを常時握りしめていなくていいから上半身の力が抜け、シートに体を突っ張らないので腰も痛くなってこない。さっきは乗って５分でシートに不満が出たのに、こちらは全然平気である。面白いものだ。このまま神戸にだって倉敷にだって呉にだって走っていけそうな気分である。

「１年前に乗ったときＢ６＝ＦＦはそうだったんです。だから思わず日光までドライブに行っちゃったんですから」

「タイヤはなんでした？」

「ＡＬＥＮＺＡ００１です」

これはアリアのＦＦにとっては重要な援護射撃だろう。

幸浦で降りて「海の公園」に行ってみた。

１９７０年代に能見台の開発で出た残土を使って金沢区の海岸線を三日月型に埋め立て、千葉県富津市から運んできた山砂を約１㎞にわたって敷きつめて造成した人工海岸。公益財団法人が管理している都市公園だが、オフシーズンは海岸も広大な駐車場もいつもがら空きだ。

避難場所に指定されている高台には周囲の眺望が素晴らしいサッカー場もある。30分ほど散歩して萬澤さんの運転で帰路につく。なんと駐車場は無料だった。

後席のステップ地上高は465㎜、そこから真っ平なリヤフロアが広がる。

ガラスルーフからの採光で後席は明るく快適だ。

ただし濃いティンテッドを入れたサイドガラスは、後部にピラーを設けずに1枚ガラスにしたため下端まで降りず、前端部で75㎜も閉め残る。非常にうざい。

シートは座面長が長く、座ると膝裏まで接地する。

測ってみたら座面長は515㎜もあって、後席としては世界最長級だ。背もたれは世界基準では明らかに寝気味。ヘッドルームは前出の通り座面↕天井930㎜とC／Dセグのセダンの平均くらいである。

後席乗り心地はゆったりして落ち着きがある。

上下動に伴う左右揺れはFF同様にあるが、動きがスローなので気にならない。強いショックが入ると若干ドタつく傾向はやはりFFと同じだが、これなら後席乗り心地も800万円の高級車として合格だろう。

ロードノイズもその変化の感度も気にならない。

幸浦から湾岸線上りへ。

「こっちは直進性ばっちりですねえ。ハンドル持ってなくてもいいくらいです。操舵応答感というのがどれほど大切なことなのかわかります」

湾岸線から神奈川3号に戻って新山下の左コーナー、ここはすごかった。クルマが路面に張り付いたままノーロールで回った。横Gだけがぐーっとかかる。

「おおおー、なんという美しいコーナリング」

旋回では前後のパワーを調整するだけでなく、4輪のブレーキも個別制御して4輪トルクベクタリングをやっている。

試乗しているときに感じる「どういう部分がどういう制御の成果」なのかはいちいちわからないが、ともかく巨大な質量がレールの上に乗って走ってコーナリングしていくような感じは頼もしい。

「新幹線だ」

「確かに新幹線ですね。うーん新幹線だ」

56・4㎞を平均57㎞／hで走って5・2㎞／kWh。SOC20％まで航続距離380㎞といったところ。

CHAdeMOの急速充電器は130kWに対応している。

800万円。結局買いなのかどうなのか。

ゼロ回転で最大トルクを発生し秒速トラコンが使えるモーターはクルマには理想的だ。それはもう間違いない。しかしこれまでの経験では、1モーターFFのEVに傑作はない。唯一の例外は2019年10月21日に試乗したe‐Golfだけだ。

発進時の荷重移動量が大きい背高・ショートホイルベース車なら1モーターRRは悪くないが、これまで乗ってさらに「よい」「素晴らしい」と思ったEVは前後モーター車ばかりだ。

駆動力が大きいEVとは、トラクション条件の差が大きく出やすいクルマである。

BEVは重いし高いし航続距離にもいまだ納得いかないが、それでもどうしてもBEV買うという方は、やはりなにかしっかりしたお考えあっての決断だろう。だからその場合は「価格は気にせずトラクション資質を最大重視して選ぶこと」をお薦めしたい。それならおおむね間違いなく「異次元カーライフ」が待っていると思う。

STORY : 09

BEV共用化でド劣化した基本を「きらきら」で糊塗

☑ BMW **7er / i7** | BMW・7シリーズ／i7

BMW・7シリーズ／i7
□https://mf-topper.jp/articles/10002572

2023年5月25日

[740i M Sport] 個体VIN：WBA22EH090CK94630
車検証記載車重：2160kg（前軸1120kg／後軸1040kg）
試乗車装着タイヤ：ピレリ P ZERO 前255／45-20 後285／40-20
[i7 xDrive 60 Excellence] 個体VIN：WBY52EJ020CL11115
車検証記載車重：2730kg（前軸1320kg／後軸1410kg）
試乗車装着タイヤ：ピレリ P ZERO 前255／40-21 後285／35-21

試乗コース 港区のビー・エム・ダブリューが拠点。１台目は下道を走行して北の丸公園へ向かい、「麹町警察通り」を走行して首都高速道路・霞ヶ関ICから入線するも、すぐに芝公園ICで降線、下道を走行して拠点へ戻った。２台目は築地~勝どき~晴海を走行して晴海ICから入線、10号晴海線、湾岸線を走行して大黒PAへ向かい、その後神奈川５号大黒線、神奈川１号横羽線、１号羽田線、都心環状線を走行して汐留ICで降線、拠点へ戻った。

新型5シリーズ＝G60とそのEV版であるi5＝M60が発表になったので、本章で試乗する7シリーズ＝G70とそのEV版i7＝M70のコンセプトが理解しやすくなった。

「ICEとPHEVとBEVで車体を共用する基本コンセプト」

「シャープエッジとクリスタル感を強調した流行追従型の内外装スタイリング」

「見た目だけでなく運転操作性／室内エンタメ系も含めクルマ運転操作全般をスタイリング化するデザイン専横設計」。

7シリーズ／i7だけを眺めていたときは、7シリーズ／i7のこの驚天動地のコペルニクス的転換が「本気」なのか、それとも「あまりに旧7シリーズが売れなかったので半分ヤケクソで投入した対Sクラス戦術」なのか、判断つきかねていた。

しかし新型5シリーズがこれまでの伝統通り新型7シリーズのミニチュア版だったことによって「新型7シリーズはこれからのBMWというクルマのあり方を提示した先鋒である」ことがはっきりした。

いずれ1～4シリーズも6／8シリーズもXシリーズもそれらのPHEV／BEVも、7シリーズ／i7のこのコンセプトに追従し「BMWとはみんなこういうクルマになっていく」のだろう。

今回のインプレはつまりこの先10年のBMWという商品を予測・判断するには絶好の機会だということだ。

ちなみに企画はもちろん、ハードウエアとしてもとんちんかんな失敗作だったi3とi8はとっくの昔に生産中止、iコンセプト自体も事実上空中分解して、「i」はいつの間にかBMWのBEVの車名にすり替わった。

本国では3シリーズのEVの「i3」、4シリーズEVの「i4」も発表、SUV各車のBEVは「iX3」のように間にXを入れた車名になるらしい。

しかし根本的に意味不明だったiコンセプトの消滅だけは、BMWの未来にとって朗報だろう。

パッケージと内外装

G70／M70のプラットフォームは2015年に旧7シリーズ＝G11／12でデビューしたCLAR。ホイルベースは本国公表値で3215㎜で、旧型で言うとロングボディのG12（3210㎜）と事実上同じだ。

ただし新型は全高が1485㎜から1544㎜へと59㎜も上がった。「i7で床下にバッテリーを入れるために嵩上げし、これにICE車もつきあわされた」ことは一目瞭然だ。

車重は旧型が3ℓ直6ターボ／340PS搭載の740Li M Sportで2010㎏だったのに対し、新型は48Vの18PSモーター＋3ℓターボ／381PSで2120㎏。従来のBMWの例だとマイルドハイブリッドシステムによる重量増は60㎏ほどだから、60㎜嵩上げその他で新型はさらに60㎏ほど重くなったと考えていい。

いつものようにメーカー発表の図版を透過gifにして新旧を前車軸中心で重ねてみた。

巨大に見える新型も、ルーフの上端で新旧重ねてみると、ボンネットからグリーンハウスをへてトランクリッドに至るシルエットは旧ロング＝Ｇ12と基本的には同じであるということが分かる。

　ルーフラインは前端でやや下がり、逆に後席ヘッドルームでやや高くしているが、前輪に対する前席／後席の前後位置は新旧ほぼぴったり同じだ。

　フロントからの図も新旧重ねてみたが、こちらもルーフトップ位置で合わせるとキャビンの横断面形状がほぼぴたり重なる。

「旧7シリーズの基本パッケージほぼそのまま、バッテリーのために床下だけ約60㎜嵩上げし、重くなったそのボディをＩＣＥＶ／ＰＨＥＶ／ＢＥＶで共用する」。これが車両の成り立ちの基本と考えていいだろう。ＢＥＶにつきあわされたＩＣＥ車では車両の重心高が大幅にあがってしまったわけだ。

　つまりＥＶ共用化で極端に上下に分厚くなってしまったこのシルエットを、なんとかカタチにしなけ

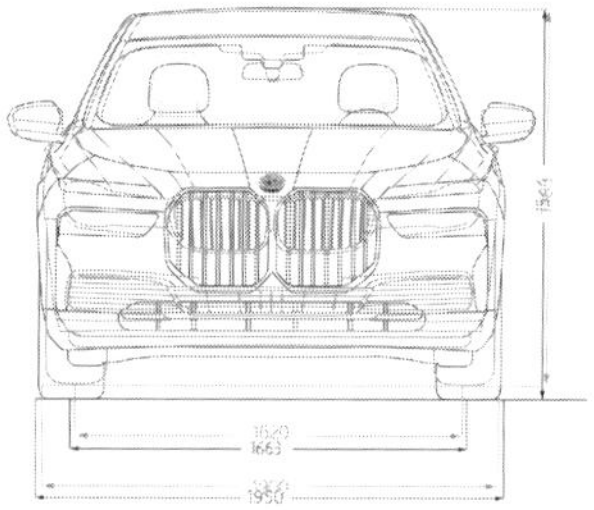

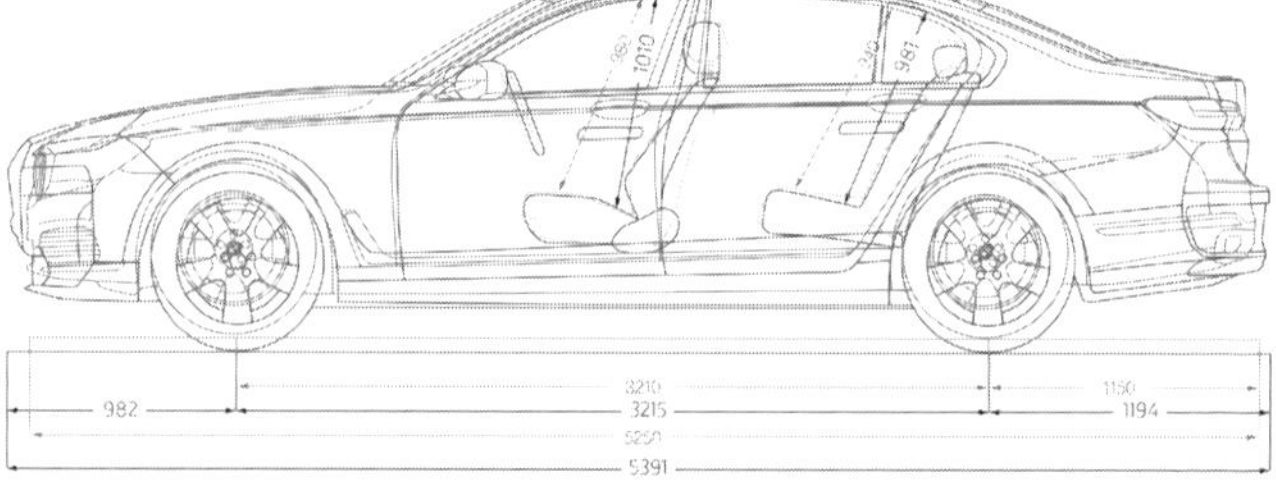

ればならないという重責をデザイナーチームは背負ったということだ。

そこらあたりが「スタイリング大暴走」のきっかけだったのではないか。

エクステリアデザイナーは2016年の「コンセプトX2」と2018年のX2、2019年の1シリーズを担当したセバスチャン・シム。なんともすさまじいこのインテリアの担当はヘンリ・フォン・フライベルク。チーフ・デザイナーは2017年にカリム・ハビブの後任になったスロバキア人のジョセフ・カバンだったようだが、彼はすでにBMWを退職している（VWに転職後、VWも退職）。

一応実車も簡単に測ってみた。

前席のステップ地上高は460㎜で、旧型G11／G12の400㎜に対してぴたり60㎜アップ。ステップ高460㎜は日産アリアとほぼ同じだ。

前席はフロアに対して、前端部で255〜310㎜と、G11の215〜245㎜よりもかなり高めにセットしている。それもあって前席ヒップポイント地上高は560〜600㎜で、セダンとしてはかなり高い。試乗車の場合は頭上にガラスルーフのガラス面がくるため、前席座面↕天井は895〜920㎜で、旧型と事実上同寸法を確保できている（G11＝890〜970㎜）。

拡大したのは後席だ。

ルーフラインを持ち上げるとともに、トルソ全体をやや後傾させ、座面↕天井955㎜と、旧型の910㎜に対して大きく拡大。もちろん後席フロアトンネルは60㎜も高くなった室内高床内にほぼ埋没しているから足元は広い（トンネル高さ200㎜／幅200㎜）。

上級車だけ専用プラットフォームにして、EQE＝セダン、EQS＝ハッチバックと作り分けたベンツ、上級車でもICEV／PHEV／BEVを完全共用化したBMW。両社のこの対照的なアプローチは興味深い。

生産は本国ディンゴルフィン工場に加えて、BMWタイランドのレイヨン工場で作る。旧G11／G12はマレーシアINOCOM、インドネシアのGayaモーター、BMWインドのチェンナイ工場でも作っていたが、東洋向けはタイに1本化するのかもしれない。

740に試乗する

最初の試乗車は「740i M Sport」1490万円。

個体VIN：WBA22EH090CK94630、車検証記載重量2160kg（前軸1120kg／後軸1040kg）。

ピレリPゼロランフラットのフロントが255／45-20、リヤ285／45-20、空気圧は前後220kPa指定のところ、温間でフロント235kPa、リヤ215kPaだったが、左右揃っていたのでこのまま乗ることにした。

試乗開始時の走行距離は3343kmである。

ドアは電動開閉式。手動でも開くが重い。ドアノブのスイッチを握るとドアは電動で開き、センサー検知して障害物の手前で止まる。

乗り込んだらブレーキペダルを踏むとドアが閉まる。

ブレーキ踏力の調整次第で途中でも止められ、半ドアでも最後は強制で引き込む。開ける時はインパネにある小さなスイッチを押す。

とにかくなにひとつ普通のクルマのようにはいかない。

シートスイッチはベンツのパテントがついに切れたか、シート型ドアマウントになった。ベンツ同様スイッチを操作すればシートごと自分が動くので、スイッチと自分の相対位置が常に変動する。このため微妙な操作は絶対できない。これは馬鹿が考えたスイッチである。悪貨は良貨を駆逐するから、そのうちきっとトヨタ車もマネするだろう。

スイッチの意匠はこのクルマのインテリア全体をキラキラと支配している「アクリルのダイヤカットデザイン」(笑)。

ドアマウントスイッチの唯一のメリットは座面横からスイッチを追放し、座面幅をドアぎりぎりまで拡大できることである。最近のベンツはおろかにもそのメリットすら活かしていないが、こちらは測ってみるとシート幅550㎜で、これまで測った約250台のシート寸法の中で文句なしの世界最大級だ。パーフォレーションを全面に打った本革は軟化処理も存分に行き届いていてソフト(ただし125・2万円のオプション)、さらに表皮直下にソフトで分厚いワディング(綿材)を入れているのであたりが柔らかく、面圧も非常に均等に出ている。

シート自体のハードウエアはSクラス／EQSに勝っているが、スイッチは感度も悪く操作のたびにオーバーランし、ぴたりの位置に止まらない。試乗中ずっとドラポジを直していた（15回くらい）。

乗り込んだときは腰の面圧が完全に抜けていたので、ランバーサポートを調整しようとしたが、やり方がわかるまで10分かかった。ドアマウントスイッチの下にある一見ではなにが書いてあるかわからない小さなアイコンを押すと、液晶画面にシート調整画面が出て、そこで調整できる。だったら最初から液晶画面にアイコン置けっての、このタコ！

なにもかもすべて学んで知って慣れないと使えない。

ドアひとつ開けられない。

試乗時間の7割はスイッチと操作を探し、迷い、学ぶことで費やした。

いやもう前を見てる暇などない。

実に危険きわまりないクルマである。

唯一絶賛したい操作系はウインカーレバー。なんと通常のメカニカルスイッチに戻っていた！　慣性の小さな軽いレバーで、スイッチングが実に繊細、ステアリングを戻せばカチッとメカニカルに復元する。右左折のたびにこれを操作するのが楽しい。あのクソいまいましい電子式ウインカーレバーがどれほど我々の運転のストレスになっているか改めて思い知る。これが今後BMW全車の標準になるのかと思うと喜ばしい。リヤサスのように世界中でマネするクルマが出てきてくれれば実に喜ばしい。トヨタも早くマネしてほしい。

4WSは低速逆相ありだが、ベンツ同様、不自然な切れ込み感や後退時の違和感はほとんどない。外から見てみると、停止時にステアリングを切っただけでは後輪操舵は起こらず、クルマがわずかに動くと最大舵角まで切れる。

ステアリングは握りは太いもののグリップは固いから、切り始めの曖昧で甘い感触がなくていい。旧5シリーズや現行8シリーズは、どっちに切っているのかわからないような軽い操舵力のハンドルを切ると、クルマがふわーっと無意識に横方向に動いて低速逆相の取り回し感は恐怖そのものだが、やっとまともな挙動が戻ってきた。

走り自体は普通。

麹町警察通りでは上下動にともなってぼこぼこと音が鳴ること、前席フロアが横方向にわなついてシートがゆすられること、リヤ席では上下動が一発減衰せずにぶるついた揺れが残ることが若干気になったくらいで、まあ悪くはない。

SクラスやEQSに比べるとボディの剛性感は明らかに低いが、これがBMWの伝統だ。

エアコンの効きが悪いのも伝統通り、今回もクールダウン能力、風量ともに不足。外気温が30°C程度だったからシートエアコンの効きで快適性はフォローできていたが、まるでリヤのサイドウインドウが少し開きっぱなしで風が漏れているような音がするファンノイズにはどうも慣れなかった。

首都高速での直進性、操舵感覚、乗り心地はこのクラスとしては及第。ややロードノイズ感度が高い傾向がある。

3ℓ直6ターボは可変リフト（VANOS）あり、381PS／520Nmで48V 18PS／200Nmのモーター付き。

スペック的には怪力だし、ZF8HPもいつものように軽快に超速にショックレスに架け替えて最適ギヤリングを選択してくれるが、なにしろこの車重なのでアクセル開度に関係なく加速にパンチがない。モーターエイドに関しては正直、ついているのかついていないのかまったく効果がわからなかった。電動VVT装備の高級車にしてはアイドルストップからの再始動のショックが大き過ぎる。

とにかく総じて走りの印象が希薄なクルマだ。

あまりに内外装のインパクトが強烈なのでそれに比べると走りの印象が弱く感じてしまうのか、BMWらしい走りが重心の高さと車重の重さに埋没してしまった結果なのか、あるいはひょっとしてハードウエアの実態が旧G11／G12からほとんど進歩していないせいなのか。

その全部だろう、というのが私の結論だ。

このまま乗り続けても発見は何もなさそうだったので、竹芝のコンラッド東京の駐車場に戻ってEVに乗り換えることにした。

14・7㎞の試乗で5・3㎞／ℓの燃費。さすがに食う。

i7に乗る

２台目の試乗車はＢＥＶのｉ７（１６７０万円）、個体はWBY52EJ020CL11115、車検証記載重量はなんと２７３０kg（１３２０kg／１４１０kg）。タイヤは同じくＰゼロの２５５／40‐21、２８５／35‐21。前後２９０ｋPa指定のところ冷間でぴたり入っていた。

試乗開始時の走行距離は３７９２kmである。

こちらは外観がシルバーとダークブルーの2トーンだが、１６４・３万円のオプションだそうだ。レザーとウールのシートが１３２・１万円、その他後席のコンフォート装備が合計で２４２・２万円、オプション代は合計５７０・７万円（笑）。

ちなみに先の７４０ｉＭＳｐｏｒｔにも４４１・３万円のオプションが載ってた。

内外装の基本は先ほどとまったく同じ、こちらは床下に４８０セル１０５・７ｋWhのバッテリーを搭載、１９０kW（２５８PS）／３６５Nmのフロントモーター、２３０kW（３１３PS）／３８０Nmのリヤモーターで牽引する。

走り出すとステアリングの手応えがずしっと増していた。前輪荷重は２００kgも重い。

地面を踏み潰しながら転がっていく感じはもはやロールスロイスである。

一般路に出るとフロアの強さが印象的だ。どんどんと足を踏み鳴らしてみてもフロアは微動だにしない。７４

０ｉでは気になったシートのゆら揺れも完全に消えた。

「こちらは素晴らしい低速乗り心地です。さきほどとは別次元です（萬澤編集長）」

とはいえ面白いもので、剛性感そのものは結局同じだ。段差を超えると重いバッテリーが加振されてボディ全体がずしゃん、とゆすられる感じが出る。

「力＝加速度×質量」、自分が重ければ、食らうエネルギーも大きくなる。

車重２５６０kgのベンツＥＱＳも入力が強くなると馬脚を表したが、ここまでではなかった。

晴海ランプから首都高速湾岸線に上がる。

アクセル開度を2〜3割から5割くらいまで踏み増していくと、巨体がふーっと加速をし始める。

「ＥＶきたっ」と思った瞬間、なおおおーん／おわわわーん、となんともいえないノイズが響き始めた。

インバーターノイズのような電気的な音だ。

音だけは猛然と高まるが、加速は一向に増していかない。明らかに出力制御をかけている。

踏み込むたびに、ひえーん／わおおおーん、この音よく考えたら電車の音だ。私が子供のころというのは凄くて、山手線や中央線にはまだチョコレート色の外観に木の内装の63系が走っていたが（通称「省線」）、あれが全力加速するとまさにこういう音がした。

「『わざと』でしょうか」

「でないわけはないよね」

「結局ＥＶは世界的に出力制限かけてますね。無制限はテスラと中国製だけなんですね」

インスタントで静かで超強力な加速が手に入る、それが10年間テスラを褒め続けてきた理由だ。ＥＶからパワーと剛性感をとったら残るのは質量だけである。重いクルマにいいことはなにもない。少なくともそれが私の「クルマ乗り」としての意見だ。

大黒ＰＡからは後席に乗る。

後席はゆったりして広い。

前席の背もたれから膝までは35㎝もある。

幅８３０㎜×長さ１０８０㎜もあるガラスルーフは全車標準。

試乗車はこのガラスルーフの周囲の枠に懸架するようにして幅８３５㎜×縦２３０㎜＝31・３インチのシアタースクリーンがついており、ドアマウント式（固定）の液晶操作パネルのタッチ操作で下方90度に展開する（＝75万円のオプション）。展開と同時にリヤアラスのシェードが閉じる。

作りは大変しっかりしていて、可動部のガタ付きなど皆無。ガラスルーフと一体の設計だからサプライメーカーの開発・提案品だろう。ベバストか。

モニターはなかなか高精細なので、最短40㎝の距離でもくっきり見えるが、残念ながらこのスクリーンにはナビや前方／後方の画像など、走行関係の情報は一切映らない。地デジやＹｏｕＴｕｂｅ、Ａｍａｚｏｎプライム、ＵＳＢ連結のソフトなどのエンタメだけ。

走行中でももちろん展開・鑑賞できるが、運転席のバックミラーはまったく見えなくなる。なのでバックモニターを使った液晶で表示するのだろうと確信していたら、なんと液晶式バックミラーは装備していなかった。

日本仕様のバックミラーはETC内蔵、だから液晶を採用できなかったのか！と納得してたら、本国にも液晶バックミラーはないという。BMWと協業したさるメーカーのエンジニアが「BMWのエンジニアはコストの話しかしなかった」と驚いていたが、おそらく「たかが装備」にパテント代を払うなんて問題外の外なのだろう。

それにしたって運転席にもデカいモニターがあるのだから、そこに後方画像を映せばいい。どうもこの装備に関してはBMWは真面目にやる気がないようだ。

65kmを平均60・7km／hで走って電費は4・6km／kWhと苦戦した。

SOC90％から出発して20％までの航続距離は「たったの340km」といったところだ。

長らく「走り」こそBMW最大のエンタテインメントだったが、EV共用のこの分厚く重く重心の高い巨体では、ICEで軽快なスポーツ走行はちょっと無理だろう。一方BEVで出力制限されてしまうと、この重さでは加速でもスポーツできない。

すなわち7シリーズとi7から私が感じた今後10年のBMWとは、厚くデカく重く、お楽しみはもっぱらデザインと装備、そういうクルマである。

ただし最近のBMWは反省・転換も早い。

超大作ｉ３とｉ８をとっととゴミ箱に捨てたように、ＩＣＥ＋ＥＱＥ共用化コンセプトは７と５だけで中止、ベンツにならってＩＣＥ↕ＥＶを分離・最適化してくれるかもしれない。

日本には「二兎を追う者は一兎も得ず」といういい言葉がある。だれかアドバイスしてあげたって。

STORY：10

AIと友達になろうともがいている気分

☑ Land Rover **Range Rover Sport** | ランドローバー・レンジローバースポーツ

ランドローバー・レンジローバースポーツ
□https://mf-topper.jp/articles/10002571

2023年7月18日

[LAUNCH EDITION P400] 個体VIN：SAL1A2AU3PA111427
車検証記載車重：2430kg（前軸1310kg／後軸1120kg） 試乗車装着タイヤ：ピレリ SCORPION ZERO 285／40-23
[AUTOBIOGRAPHY D300] 個体VIN：SAL1A2AW1PA109435
車検証記載車重：2480kg（前軸1340kg／後軸1140kg） 試乗車装着タイヤ：ピレリ SCORPION ZERO 285／40-23

試乗コース

品川区のジャガー・ランドローバー・ジャパンが拠点。１台目は国道15号線～１号線～20号線～代官町通りを北上し北の丸公園まで向かい、その後「麹町警察通り」を走行し首都高速道路・霞ヶ関ICから入線。都心環状線～２号目黒線を走行し、目黒ICで降線、都道418号線～317号線を走行して拠点へ戻った。２台目は国道15号線を南下、都道421号～316号を走行して首都高へ大井南ICより入線。湾岸線から大黒PAへ向かい、その後神奈川５号大黒線～神奈川１号横羽線～１号羽田線を走行して勝島ICで降線。競馬場通り～国道15号線を走行して拠点へ戻った。

２代目レンジローバースポーツ＝Ｌ４９４の３ℓＶ６ＳＣ搭載車「ＳＥ」にヒルトン小田原リゾート＆スパで行なわれた報道試乗会で乗ったときのハンドリングの素晴らしさは、いまも我ら凸凹萬福組の語り草になっている。

あれは２０１３年10月17日水曜日の話だから、なんともう10年前の出来事だ。ホイルベース２９２０㎜、車検証記載重量２２７０kg（１１９０kg／１０８０kg）という巨体にピレリ・スコーピオン・ベルデの２２５／55‐20を履いた電制仕掛けの４ＷＤ車は、真鶴駅までの県道７４０号小田原湯河原線の細いワインディングをライトスポーツカーのように軽快に泳いだ。

なにより素晴らしかったのは操舵フィール。

「舵を少しあてて待ち、コーナリングフォースが立ち上がってくるのを手のひらで、車体にヨーがついていくのを体で感じながら、数㎜単位でステアリングを切り増して１センチのラインを狙って寄せていく」、あの応答感の快感は、いまでもこの手の感触として思い出すことができるくらいだ。

「舵を当て反応を待つ」というハンドリング対話は、ロータスからロールス・ロイス、ミニやＡＤＯ16などのＦＦ車も含めて、60年代くらいまでの出来のいいイギリス車がこぞって備えていたフィーリングの奥義だった。

イングランド、ウエールズからスコットランドに至る広大で平らな国土に張り巡らされた垣根の細道を地元の人たちの後ろにくっついて結構なペースで走ってみれば、なぜああいう繊細で正確で絶妙なハンドリングがイギリス車に生まれ得たのかよくわかる。

あの道がそれを作った。

とはいえ「クルマのとびきりの絶妙」というのが100台に1台の奇跡だということもまた経験上の事実である。ハンドリングの感触というのは微妙なバランスの成果であって、同じパッケージ、同じサス形式、同じ基本メカニズムだからといって、一家すべてが絶妙とは限らない。あのときもV6のSEの直後に試乗した5ℓV8エンジン搭載モデルでは、重くなったハナと増えたパワーと太いタイヤによって絶妙感はかなり薄まっていたし、母体のL405レンジローバーの3・0V6ヴォーグは「ハンドリングの味」においてはスポーツの足元にもおよばなかった。

我々が試乗して評価している体感フィーリングというのは「微妙なセッティング」の中でもさらに「生ものの部分」、タイヤの銘柄どころか空気圧ひとつで評価が変わってしまう。

V6が絶妙だったからV8もいいとは限らないくらいだから、先代が素晴らしかったから新型も最高とは限らない。乗ってみなきゃわからない。

「ねじり剛性33kNm／deg」の意味

2022年5月に国内投入した3代目レンジローバースポーツは、5代目レンジローバーL460の派生モデル、ホイルベースはレンジローバーのショートホイルベース車と同じ2997㎜だが、全長で106㎜短く、全高で50㎜低い。車重は48Vモーター付き3ℓディーゼルターボ搭載のベーシックモデル同士のカタログ数値の比較では車重が2580kg→2315kgとなぜか235kgも軽くなっている。そこが「スポーツ」の名の所以か。

いずれにしろ登場後1年も経っていて旧聞だと思うので、あまり書いてないお話を。

車体の設計基盤は、先代のPLAプラットフォームD7a／D7e／D7u／D7xを改良統合したアルミモノコックで、タタ・モータース傘下のジャガーランドローバー社は「MLA-Flex」と称している。フォード傘下時代のジャガーで90年代に開発した、アルミ合金圧延材をプレス成形し、溶接・リベット・接着で組み立てるという構造を発展継承してきたものだ。

押し出し材を多用する一般のアルコア式アルミ構造に比べると、この構造は剛性に関する最適化設計が難しく、共振周波数を高くしにくいのではと勝手に認識しているが、その点を大きく改良した成果を誇示するためか「ねじり剛性33kNm／deg」という数値を公開している。

これが「意味不明」のまま世間で一人歩きしているようだが、「クルマの教室」でご紹介した資料によると、33000Nm／degというねじり剛性値は997時代の911とおおむね同じくらいで、CFRPモノコックのフェラーリF50やレクサスLFAでも35000〜39000Nm／degのレベルだったから、数字だけで言えば確かに自慢したくなるレベルだ。

33kNm／degのねじり剛性の具体的な意味と価値はなにか。

ボディ剛性とはボディのばね定数のことである。

ボディのねじれ剛性はサスのコイルばねの弾性変形の特性と似ている。

レンジスポーツのフロントトレッドは１７０２㎜。33ｋNmに１８０／π（≒57・３）を掛けてｄｅｇをｒａｄに換算してから、トレッド値（ｍ）の２乗で割ると「６５４kN／ｍ」という数字が出る。これが車体のねじり剛性をタイヤ接地面での上下ばね定数に換算した値だ（→「クルマの教室」参照）。

サスのばね定数のホイールレート換算値は通常20〜40kN／ｍなので、レンジスポーツのボディのねじり剛性値はソフトなばねのホイールレートの32倍、硬いばねに対しても16倍あることになる。

機械力学では「Ａのばね定数」に対して「Ｂのばね定数」がほぼ剛体であるとみなせるのは数値差が一桁以上（10倍以上）とされているので、レンジスポーツくらいねじり剛性が高ければサスがバンプしてもボディはほとんどねじれず、エネルギーのほとんどがサスをストロークさせる力に変換されるだろう。ストロークが発生すればダンパーの減衰力が働いて揺動をとめることができる。

すなわち「ねじり剛性33ｋNm／ｄｅｇ」の最大の価値とは「乗り心地が良くなる」ことである。

これまで繰り返し学んできたように、操縦性フィーリングに対してより支配的なのはボディの横曲げ剛性である。

横曲げ剛性は地面に近いフロア部分を集中的に強化しないと向上できない。フロアに大容量バッテリーを置くＢＥＶは、車重の増加と引き換えに重心高が下がって横曲げ剛性がアップするため操縦性のレスポンスが良くなる傾向があるのは、本稿愛読者の皆様には周知の事実だと思う。

シャシ設計者に教えてもらったところによると、共振周波数（Ｈｚ）の計算式は、単純なばね マス系の場合、ｋ：ばね定数（Ｎ／ｍ）、ｍ：質量（kg）としたときｆ＝１／２π・√（ｋ／ｍ）だそうだ。もちろんクルマの車体の共振周波数の場合はこんなに単純な計算では求められないが、ｋが大きく、ｍが小さいほうが共振周波数は高くなるという基本は同じだから、剛性を上げても車重が重ければ当然共振周波数は高くならない。

剛性値よりも共振周波数値の方が実際の剛性感をより反映しているといえるし、剛性値は車重とセットで考えなければ意味がないともいえる。

３ℓガソリンターボ＋モーターモデルに乗る

最初の試乗車はレンジローバースポーツ「ローンチエディションＰ４００」（１７０８・６万円）、個体：SAL1A2AU3PA111427。

試乗出発時の走行距離３５６３km、車検証記載重量は２４３０kg（前軸１３１０kg／後軸１１２０kg）。ピレリスコーピオン・ゼロのオールシーズンで前後とも２４５／40-23という聞いたことがないサイズで、計算上の外径は７８０㎜である。ノンランフラットで前後２５０ｋPaの指定圧のところ冷間２６０ｋPaでそろっていたので、そのまま試乗することにした。

格納式ドアノブを引いて、大きく重いドアを開けるとステップは地上５２０㎜という高さ、このクルマはオプションの電動格納式ステップはついてないから気合いを入れないと地上780㎜～850㎜の高みにあるシート座面までたどり着けない。

ステップから座面中心の水平方向は460㎜も離れている。

いったん座ってしまえば下界を睥睨するいつものトラック……いやキャプテンポジションに落ち着く。

座面は幅530㎜、長さ510㎜だが、膝から脛にかけてべったり接地するので有効面積が巨大に感じる。広報資料によると表皮は本革ではなくエコ目的の合成皮革のようだ。

感触は申し分ないが銀面のμがやや低くて滑りやすく、座面が大きすぎて体格に合わないこともあって、感度の鈍いドアマウントスイッチと格闘しながら試乗中にドラポジを修正し続けるはめになった。10回以上調整したが結局最後までシートポジションは私には合わなかった。

視界は良好。

ただしボンネットが半円形に見えるのにインパネは左右真っ直線で、エクステリアとインテリアの造形の整合が取れておらず、車幅感覚の把握に違和感があった。トヨタ車の呪いでも乗り移ったか。

375㎜φの大径ハンドルはリムが細目でグリップが硬く、イギリス車のセンスを感じる。

駐車場構内をゆっくり走り出すと低速域の操舵力はかなり重く、切り始めからずっしりと反力が返ってくる。ちょっと人工的な反力感だが、軽いよりはずっといい。

地上に出る。

ここは品川・御殿山、かつてソニー村があったあたりだ。

下道を通って北の丸公園へ向かう。

非常に印象的なのは室内の静粛性。エンジン音はまったく上がってこないしロードノイズも非常に低い。戦車のように地面に張り付いて無音で進む感じは、ベンツEQSやBMW i7のような超2・5トン級BEVによく似ている。

アルミモノコックは期待通り剛性感が高く、サスがよく動いて減衰力を発揮、巨体をとてもフラットに保っている。振動がほとんど響かずデッドなのはアルミ構造の特徴だが、剛性感もアルコア構造に負けていない。

北の丸公園で各部の寸法を測り、iPhoneで写真を撮影してから麹町警察通りへ。

上下動がどこどこぼこぼこという音に変わる傾向が若干出るものの、ばね上に揺動がまったく上がってこないのは見事だ。まさにスカイフック。

「後席乗り心地は素晴らしいです。上下動がすぐに減衰してますし、ハーシュのいなしも実に丸いです。さすが大容量のエアサスという感じです（萬澤）」

霞ヶ関ランプから首都高速・環状線に乗る。

エンジンはモジュラーコンセプトのINGENIUM 3ℓ直6ターボ400PS／550Nm、変速機はZF8HPで13kW（17・6PS）／42Nmの48Vモーター付き。

さすがにこの重量ではモーターエイドはまったく体感できないし、加速もトンあたり172PSというスペックほどの迫力がない。ただしアクセルを踏み込んでも排気音もエンジン音も大変低く抑えられている。おそらく遮音材も重量を使っているだろう。防音材は全部で50kgを軽く超えているのではないか。

一の橋JCTから2号線のワインディングへ。

交通の流れに乗って走るが、操舵してヨーがつき始めてもまったくロールがない。ノーズダイブもスクオートもよく抑えているが、ロールの少なさは異常だ。

資料によると前後サスのスタビの中央部に最大1400Nmのトルクをだすアクチュエータが入っており、これでスタビをねじってロール制御をしているらしい。

重心高が高い巨体だから、ターンインでぐらりとロール速度がでないことは安心感に結びついている。もちろんノーロール制御すると左右荷重移動量が増え、旋回外輪のCFは上がる一方で荷重抜けする内輪のCFが上がらないので実は左右輪トータルのグリップは落ちる。そこをトルクベクタリングで調整するという考えか。

結果的に安定感とフットワークの機敏さは両立してはいるが、10年前の2代目のV6SEのようなハンドリング感覚の絶妙さはない。操舵感は低速から高速域まで一本調子で、タイヤの接地感やその変化がフィードバックされてこないため、画面を見ながらハンドルを切って路面をトレースしているようだ。面白さや痛快さ、操縦の楽しさ、クルマとの対話のような感覚はほとんどない。

シャシ設計のエンジニアの先生は日頃こう言っている。

「操縦性エイドのアクティブなんちゃらというのは、はっきり体感できるほど制御すると違和感が大きくなり、違和感をなくそうとすると効きがわからなくなるという傾向があります」

レンジローバーについては2代目P38の試乗会でソリハルに行ったときから尊敬の念を絶やしたことがない。3代目L322以降に始まった過剰とも思える電子仕掛けへの依存も、オフロード／オンロード両立、快適性／操縦性のバランスなどに成果を上げてきた。しかしどうにもここにきてサイズも重量も制御も一線を越えてしまった印象だ。

一般路と首都高速を平均車速12km／hで24km走って燃費は4・1km／ℓ。さすがに凄まじい。

3ℓディーゼルターボ＋モーターモデルに乗る

2台目の試乗車は3ℓディーゼルターボのオートグラフィーD300、個体：SAL1A2AW1PA109435、試乗出発時の走行距離4800km。価格は1457万円。

車検証記載重量は2480kg（前軸1340kg／後軸1140kg）で、フロントが30kg、リヤが20kgしか重くなっていない。

試乗車はオプションの電動格納式ステップが装着されており、この重量が50kgくらいあるらしいので、重量増加はその分だけのようだ。

ガソリンとディーゼルでアルミブロックを共用するINGENIUM、てことはこれつまりディーゼルが軽いのではなくガソリンが重いのではと邪推したくもなるが、旧Ｖ６ガソリンよりエンジン単体で20kg軽いというデータがあるから、本当に軽いディーゼルエンジンなのかもしれない。

ただし車重が２・４トンもあるのでは、アルミモノコックもアルミエンジンももはや説得力がない。

タイヤは同銘柄、同サイズ。空気圧も前後２５０ｋPaの指定で冷間２６０ｋPaと同じコンディションだ。

走り出したら車内の静かさ、振動のなさ、ステアリングの重さ、滑り出しの感じ、ガソリン車と瓜二つだった。同じグレードのクルマでもタイヤ銘柄が違えばもっと差は出る。エンジンが異なるクルマに乗り換えてこんなに転がり始めからフィーリングが同じなのは初めてだ。

麹町警察通りに行っても印象は多分同じだろうから、高速に上がって大黒ＰＡまで行くことにした。

大井ランプから湾岸線本線に合流。

アクセルを６割くらいまで踏み込むと、加速感にはガソリンより明らかにパンチがある。出力は３００ＰＳだがトルクは６５０Nm、ギヤリングの資料がないが、より低い回転域からより大きなパワーを発揮していることは間違いない。

エンジン音はガソリン車に遜色ないくらい低く抑え込んであるが、遠くからフォーンという響きが聞こえてくる。ディーゼル車には排気音の演出を入れているようだ。

「排気音自体もさっきよりかなり大きいだけでなく、ロードノイズもずっと大きくなりました。乗り心地も上下動のダンピングがさっきより悪く、上下動が揺れ残ります」

後席の萬澤さんがびっくりするようなことを言う。

タイヤもアシも基本的に同じで車重も近く、前席乗り心地も運転フィーリングもさっきとそっくりなのに、後席がそれほど違うとはどういうことだろう。となるとガソリンの後席乗り心地の良さは「単なる個体差」ということになるから、あまりかんばしい話ではない。

湾岸線のクルーズで印象的なのは異様な直進性の良さだ。

ステアリングがずっしり座って修正舵が正確に決まる点もいいが、そもそも外乱を受けにくい。こういう前面投影面積の大きい車体でここまで外乱に強いクルマというのも珍しい。

ボディの抗力係数Ｃｄは０・29、これでＣｄＡを抑えてはいるが、それと直進安定のフィーリングとは直接相関関係はないだろう。４ＷＳの設定は本国にはあるようだが、リヤサスをのぞいてみたら入っていなかった。となるとこの直進感にも4輪の駆動力制御の恩恵が入っているのか。

大黒ＰＡで運転を交替し後席へ。

フロア地上高が高いので、全高が１８２０㎜もあるのに室内高は１２６０㎜とセダンプラス１００㎜レベル。座面を後傾し背もたれを寝かし気味にした着座姿勢でも、後席の座面から天井まで９２０㎜とＤセグセダンの平均値くらいだ。ガラスサンルーフは幅８８０㎜、運転席が前後長６６０㎜、後席が前後長３４５㎜もあるから室内は明るい。

前後席に座ったとき前席背もたれから後席膝までは24㎝、前席下に靴先もすっぽり入るし、センタートンネルは幅は270㎜と広いものの高床に埋没して5㎝くらいしか突出していないので足元も広い。

濃いティントの入ったサイドガラスは前端で11㎝も開け残る。

後席の乗り心地や騒音は、例によって萬澤さんがいうほどは悪くなかった。加速すると排気音が響いて後席に侵入してくるが、ロードノイズのレベルは非常に低い。それより35℃を突破した外気温に対抗するためエアコンの風量を上げたせいで、笛のような気流音が発生していてそっちの方が気になった。風量を上げないと室内温度を快適に保てないが、冷房能力自体は昔に比べれば随分よくなったし、後席左右天井に冷気吹き出し口があるのもよかった。

ガソリンとディーゼル、走りと快適性を総合すると甲乙つけ難い印象だったが、燃費を見たら54・1㎞を平均35㎞／hで走って11・9㎞／ℓと大差がついた。

レンジローバースポーツ、大きくてポジションが合わないシートのようにすべてが大きく重く、私の手の中にはどうにも収まりきらなかった。それをなんとか走らせてしまう制御技術は凄いとは思うが、こんなに人工的なフィーリングの走り味のクルマにもまた生まれてこれまで乗ったことがない。例えて言うならAIと会話しながら一生懸命考えを推しはかろうと苦戦している気分。だがそもそも相手に「気持ち」が存在しないなら、対話の努力をいくら積んでも徒労だろう。

STORY : 11

「昔のいいクルマ」に乗ってる感じ、嫌いになれない

☑ Nissan **Serena** | 日産・セレナ

日産・セレナ
□https://mf-topper.jp/articles/10002573

2023年8月21日

[e-POWER LUXION 2WD] 個体VIN：GPC28-000200
車検証記載車重：1850kg（前軸1040kg／後軸810kg）
試乗車装着タイヤ：ブリヂストン TURANZA ER33N 205／65-16

試乗コース 横浜市西区の日産自動車グローバル本社が拠点。みなとみらい大通りから首都高速道路・みなとみらいICより入線、神奈川1号横羽線、神奈川3号狩場線、横浜横須賀道路を走行して横須賀ICで降線。再び同じ道を走行して拠点へ戻った。

話題のロータス・エミーラに乗ってみたかったのだが、輸入元に聞いてもらったところ、現時点で広報車の用意があるのはトヨタ製3・5ℓV6＋6速MT／AT横置き搭載405PS／420Nm／1458kgの「V6ファーストエディション」だけ、私的本命のベンツM139型2ℓ直4ターボ＋8速DCT横置き365PS／430Nm／1405kgの「ファーストエディション」は現在予注段階で、入荷はまだまだこれからということだった。

オール新設計アルコア構造ミドシップなのに、またぞろ後輪がパワートレーンを連れ回して後輪荷重が大きくなりやすい横置きレイアウト。エンジンが邪魔でリヤサス設計に制約が大きいし、3・5ℓV6ではどう考えてもリヤが重い。

エミーラで多少なりともなにかが期待できるのは直4モデルだけなのだ。

試乗は見送ることにした。

「エミーラだめならセレナはどうですか」と萬澤さん。すごい飛びっぷりだが、乗るクルマを好きに選ぶ我々の車種選定のこれがいつもだ。

世間ではBEVがらみの次世代パワートレーンへのシフトの件を「日本vsEU」の覇権争奪戦争に読み換えて「頑張れニッポン」の構図で語るのが流行っているようで、「EUとそれをたぶらかしている超大国とイーロン・マスクはみんな敵」という認識もそれはそれで間違ってはいないかもしれないが、我らクルマ好きからしたらそういうのはようするに政治経済論争であって、もっぱらクルマの話とは違う。

クルマの話をするなら、ゼロ速度から最大トルクが出るモーターがクルマの動力源として最適なことは100年前から決まっている。

ＢＥＶがダメなのは技術が進歩せず、いつまでたってもバッテリーの効率が低くていまだに重いお荷物だからである。他方トヨタＴＨＳやかつてのホンダ式ＩＭＡハイブリッドがダメなのは、エンジン動力を常に連れ回すのでせっかくのモーター駆動特性がエンジンに足を引っ張られるからである。

「エンジンで発電し、地産地消で電力供給してモーターで走るシリーズハイブリッドこそ最適だ」

「レスポンスと重量がポイントのスポーツカーにこそシリーズハイブリッドを積むべきだ」

これが本誌萬澤編集長の以前からの主張で、それを聞いて私もその通りだと思うようになった。

2021年5月にこの連載で乗った日産ｅ-ＰＯＷＥＲのノートは、ＦＦ仕様こそパワー不足すぎてぴんと来なかったが、50kW（68PS）のリヤモーターで駆動力エイドし、さらに前後モーターの駆動力コントロールを利用して姿勢制御もやってしまう４ＷＤ版にはえらく感心した。

とはいえセレナのｅ-ＰＯＷＥＲ車にはＦＦ仕様しかない。しかも2022年11月発売の現行6代目セレナはなんと日産Ｃプラットフォームの末裔だ。遡るなら基本設計は2002年登場の2代目ルノー・メガーヌである。2代目からこのプラットフォームを使っていたカングーも、2023年に登場した例の3代目からはさすがに新世代ＣＭＦ系プラットフォームにした。

2005年の3代目Ｃ25から4代続けて基盤設計をキャリーオーバーしているセレナはいわば現代の「生ける

化石」であって、真面目にインプレすれば「トナーレ（爆）」の再来になりかねない。
あえてその橋を渡らせるか編集長。知らんぞ私は（笑）。

6代目セレナC28型

名古屋の愛知機械工業がパッケージ構築から内外装デザインまで担当した初代セレナ（1991～1999年）は、キャブオーバー1BOXの基本設計のまま前輪だけを大きく前に出すことでドラポジと前席乗り心地を画期的に改善した妙案の傑作で、前年に登場した横倒し直4エンジン・アンダーフロアミドシップの天才設計＝エスティマの影に隠れて地味ではあったが、乗ってみると走りの実力はなかなかだった記憶がある。しかしこ数世代のセレナは試乗はおろかクルマすらちゃんと見ておらず、自動車評論家失格だ（20年前からとっくに失格してるが）。

5代目C28型は2016年デビューのC27型の改良モデル。具体的にどこをどのように改良したのかは「すべてシリーズ」のメカニズム解説で安藤 眞さんがいつものように詳しく書いておられるので、ご興味ある方はそちらを参照いただきたい。

18年前の基盤設計を引き継いでいること自体はあまり嬉しい真相ではないが、5ナンバーサイズを死守しているのはいいことだ。

ただし今回前後方向のボディサイズだけは拡大。ホイルベースは2005年のC25から3代続けて2860㎜だったが、初めて10㎜伸びて2870㎜、全長も18年間4700㎜未満だったところ4810㎜に延長した。タイヤサイズのアップは定員重量の計算の法規改正のからみだそうだが、これも加えて最小回転半径は5・5mから5・7mへと大きく拡大してしまった。おかげで横浜の日産本社の駐車場に入るときに毎回強要される1車線路Uターンが1回で決まらず、萬澤さんが大いにアセっていた。

資料によると2005年発売の3代目C25の車重は、2ℓ直4（MR20DE）搭載のFF車ですでに1610～1630kgもあったようで、同じエンジンをキャリーオーバーして積んでいる6代目2ℓFF版の重量はいまだ1670～1690kgに止まっているから、ボディサイズのアップや装備、防音材追加、タイヤサイズアップなどを考えると実質的には若干軽量化しているのかも。

例によって試乗前のルーティンで車内寸法を50ヶ所ほど測定した。

前席ステップ地上高は380㎜とミニバンにしては一見低いが、スライドドアのレールを通すために2段ステップにしたリヤドアにそろえて、フロントもステップを2段式にしており、フロアはファーストステップ位置より50㎜ほど高い。ステップ外端から前席センターまでの水平距離は500㎜もあるから、1回ステップを踏んで体制を整えてから、ヒップポイントの地上高が720～760㎜という座面になんとか這い上がる感じだ。

シート座面はフロアに対して座面前端部で340～380㎜という設置高さ。乗用車の平均値の100㎜アップといったところで、座って足を下におろすようなアップライトな着座姿勢だ。高く座って遠くを見て地上を睥睨するという、むかしながらのキャプテンポジションは気分いい。

ステアリングホイールが水平方向に寝ているのもむかしのままだが、ホイール自体はどこぞからかっぱらってきた横370㎜／縦355㎜のD型だから、据え切りの操舵ぐるぐるの際の取り回し感がなんかおかしい。

試乗車ではチルト（55㎜）／テレスコ（40㎜）の調整レバーの固定も異常に硬かった。

インパネは110㎜×290㎜の12・3in・LCDパネルを2枚使ったディスプレイをダッシュボードに真正面をむけて配置。反射防止の工夫をしてあるそうで、アリア同様メーターフードがないため前方視界は広がっているが、センターのヒーコンパネル部まで液晶タッチパネル式にしてしまったのはまったくいただけない。

ATのボタン式セレクターはスイッチのサイズやタッチをDとRで変えてあるなど一応は考えたようだが、タッチ操作のヒーコンパネルはモード切り替えやファンスピードの手探り操作がまったくできないし、操作のための視線移動量がインパネ配置のディスプレイにくらべて大きいので、よそ見時間がおのずと長くなる。

「ながらスマホ」運転で摘発（「6年以下の懲役」または「10万円以下の罰金」／違反点数3点）されるくらいならまだましで、老眼ではちいさな表示が見えにくく、よそ見運転で大事故を起こしかねない。事故を起こせば「また高齢者」とマスゴミにせせら笑われる。

「高齢者は運転なんかするな、はやく免許返納しろ」というのがいまの世間一般のコンセンサスで、私のような高齢運転者にはようするに人権などないのだから、スタイリストのお絵描き遊びにつきあってクソみたいな操作系と格闘していると己の身が危ない。

全部無視して前見て運転しまーす。

セレナe-POWERに乗る

借用したのはセレナe-POWERの最上級車種LUXION（479万8200円）、個体VINは車台番号GFC28-000200、走行距離は5335km、車検証記載重量は1850kg（前軸1040kg／後軸810kg）。

100V 1500W AC電源、寒冷地用パッケージ、後席専用モニター（天井）など45万円のオプションを搭載していた。

タイヤはBS TURANZA ER33Nの205／60R16。最近の傾向からすれば車重の割に細いサイズで、前後輪の規定圧は280kPa。試乗車は冷間で290kPaにそろっていたので、このまま乗ることにした。

今回は試乗しなかったが、2ℓガソリンFFの「ハイウエイスターV（326・92万円）」の車検証を見てみたら車両重量は1690kg（前軸940kg／後軸750kg）だったから、e-POWERは前軸重で100kg、後軸重で60kg重いことになる。これはいくらカタログをみても書いてない。ネットにも出ていない。車検証を見比べないとわからない。

試乗日の外気温は35℃、湿度は推定70％以上という真夏日。
オート設定のエアコンのファンは高速回転で、気流音がかなり大きい。広大な車内のクールダウンはなかなか早く、すぐに快適温度になった。日産車でエアコン能力に不満を持ったことは多分これまで一度もないと思う（トヨタ車はある）。

妙に寝たステアリングは操舵力が軽すぎることもなく、切り込むと反力もしっかり返ってくるのだが、パーキングスピード域では接地感に乏しく妙に人工的なフィーリングだ。電動パワーステアリングはデュアルピニオンのラックアシスト。タイヤの特性も関係あるかもしれないがよくわからない。

前輪の静的荷重が56・2％しかなく、重心高も高いミニバンだから発進時に駆動輪（前輪）のトラクションが大抜けする理屈だが、ホイルベースが長いから前後荷重移動量はそれほど顕著ではなく、モーターの低速トルクもあってアクセルの反応は悪くなかった。

日産本社があるみなとみらい近辺はなにせ道がいいので、乗り心地はいつもよくわからない。少しの段差でもフロアが共振する感じは出ていたから、いつもの麹町警察通りなら馬脚を表すかも。

しかしどうにも来た道を戻るのは気乗りしないので、首都高速へ上がって横須賀に行くことにした。

アクセル開度2割から6割くらいの踏み増しでの追い越し加速はいいレスポンスで、軽いジャークをともなって1・9トンが一瞬だけだがダッシュする。

パワートレーンは基本的にノートと同じ構造。エンジンは駆動系に接続していない。エンジンで回すのは発電機のみ、バッファーと回生用を兼ねたバッテリー容量は小型（ノートでは１・５kWh）なので、回生と駆動制御を駆使しつつ地産地消で電力を使ってモーターを駆動する。

今回は発電用エンジンをＨＲ12ＤＥ型１・２Ｌ／82PS／１０３NmからＨＲ14ＤＤｅ型直噴１・４ℓ／98PS／１２３Nmに変更。

電力の供給量が増えたことによって同じモーターでも出力が１１６PS／２８０Nmから１６３PS／３１５Nmへ大幅にアップした。ここがモーターの面白いところだ。

ただしトン当たり出力はノートＦＦの95PSに対して88PSだから、車重増加分の増強には至っていない。

パーキングスピードでは妙に人工的だった操舵感が、高速走行ではしっとり重くいい感じになった。直進性も非常に良好で、車線変更時のロールが低く、挙動が大変安定している。とてもミニバンとは思えない安定感だ。

横浜横須賀道路に入って南下する。

液晶表示のふたつの丸型メーターのうちの左はシステム出力計で、アクセルオフでマイナス側に振れて回生量を、アクセルオンではプラス側に振れてシステム出力を「％」で表示する。

高速道路でアクセルを踏み込むとバッテリーが空になり、エンジン回転をあげて発電量を増やさざるを得ないから、エンジンが吠えてそれなりにうるさく、車内騒音はガソリン車の高速巡航と変わらない。

ただしエンジン回転をゆっくり上げているため、ＣＶＴやＴＨＳのラバーバンド制御感のようにエンジン回転だけが先行して跳ね上がり、加速感と騒音がリニアでなくなるような違和感はなかった。

なにも知らなければ普通にエンジンで走っていると思うだろう。

それにしても高速巡航中の車内は騒がしい。

タイヤ起因で内装が共振して生じるロードノイズの感度が高く、路面によって猫の眼のように騒音の大きさと周波数が変化する「常時メロディロード状態」だし、風切り音、エンジンの排気音の透過、エアコンの気流音などによって、2列目の萬澤さんとの会話明瞭性が非常に低い。

こんなにうるさいクルマにも久しぶりに乗った。基本設計の古さをこういうところに引きずっている。

横須賀出口でうっかり分岐を間違えそうになった。

1992年の開通以来有料だった本町山中有料道路が2022年3月から無料開放された結果、左に分岐するY字路の標識にグリーンの有料道路表示がなくなったからだ。少しあせってカーブしながら進路変更したが、このときの車両の機動はミニバンとしては絶品級、ロールは限界まで少なく後輪グリップは高く、一枚床も高い剛性感を発揮してスポーツカーのようにひらりを身を返し、収束した。そういえばフェアレディZもここで操安性の良さを見せつけた。呼ばれているのか？（笑）。

しかしこちらはフロントが下方開断面2枚溶接鋼板Lアームのストラット、リヤはトーコレクトアングルのないTBAという古典的な構成だ。どうして操安性になると俄然こう最新ミニバンの上をいくフットワークを発揮するのかわからないが、ともかく「さすが日産」。セレナはここだけで絶対にもう嫌いにはなれないクルマだ。

やはり機動性こそクルマの本質ですからね。

後席に乗ってみる

例によってＴＳＵＮＡＭＩでネービーバーガーを食べ、帰路は萬澤さんの運転で後席へ。

まず２列目。

試乗車は７人乗りなので、２列目はシートに３点式ベルトを内蔵した左右バケットシートだ。シート座面の地上高は前席のハイトを最高位置にしたときよりさらに20㎜高い７８０㎜もあるが、車内中央部の室内高も１３１５㎜。２列目の座面↕天井は１０４５㎜だ。何度もいうが、この数字が１ｍを超えたら無限大と同じである。

座席は左右別々に４８０㎜スライドする。

センタートンネルがないこともあって中立位置にしても足元は広い。ただし前席の下にはバッテリーがあるのか、完全に埋まっていて靴先は入らない。

走り出すとなんというか「あんまりよくないのだが嫌ではない」という不思議な乗り味感覚だった。

車内騒音はあきらかに高いし、フロアは弱いし、低速では妙にロール方向にゆらゆら揺れるし、突き上げを食うと車体がゆるい感じの「ぐしゃ」という反応が出る。しかしトナーレでうんざりしたような「どうしようもなく低レベルで不快」という感じはない。

ゆるくて古いが、タイヤも太くなく、作り込みも丁寧で、それなりにすべてのバランスが取れている。シトロエン・タイプHではないけど「昔のいいクルマ」に乗ってる感じだ。

バケットシートなので体の左右位置決めは大変いいが、座席はこれまた全面合皮で、座面のμがえらく低く、お尻が滑って姿勢が崩れやすい。前席も同様。

座席のマテリアルというのもまた、デザインする人間の勝手にまかせてはいけない部分だ。

エアコンのエア吹き出しは左右天井にあるが、後席用コントロールでファンスピードを上げてみたら、かなり風速が出るので驚いた。後席でもクールダウンは早い。キャディラック・エスカレードの天井吹き出しでもここまでの風速はなかった（ただしエスカレードは吹き出し口の開口面積が広いので風量は出る）。

もちろん3列目にも乗ってみた。

フロアは1段高くなっているがヘッドルームは960㎜確保、座面は幅540㎜、奥行き480㎜と立派な国際サイズだ。

高速道路での乗り心地は思った通りなかなかで、段差での突き上げは2列目より大きいものの、逆にフロア周りや上屋周りの剛性感は2列目より高いので、大変快適だった。

ただし運転席との会話は半分怒鳴り合い。ファミリーカーでこの車内騒音のうるささだと、エスカレードのような「車内会話用マイク&スピーカー」が欲しい。

ちなみに3列目は横倒し格納式で操作は軽くロックは確実、固定剛性も高い。片側だけ格納しておけば巨大なテールゲートから楽々乗降できた。

「福野さん！　なんと運転モードの切り替えスイッチがありました。これまでずっと『エコモード』で走ってました（笑）」

「『スタンダード』にするとアクセルペダルへの追従性が良くなってドライバビリティがかなり上がり、『パワー』にするとやや反応が敏感すぎてうざい感じです」

モード切り替えスイッチはコラム右のカプホの下にあったらしい。

この話を聞いたＭＦｉ編集部の松井さんは「そこに気が付かないのはさすがにマズいっスよ編集長」と言ったらしいが、我々はクルマをすらすらと使いこなす必要などない。むしろ不勉強で不器用でなにごとも上手に使いこなせないからこそ、その失敗体験がすべて乗り味や使い勝手のインプレに変わる。乗った瞬間から完璧に乗りこなして使いこなせたら、クルマなんてどれもみんな名車である。天才レーサーと優等セールスマンには自動車評論はできないのだ。自動車評論とは野次馬と不器用の王国である。

苦手な高速中心に69・3㎞走って燃費は15・7㎞／ℓ。何度も踏み込んで加速を試したせいか期待ほどには伸びなかったが、市街地なら本領を発揮できるだろう。

ＢＥＶでもなければＩＣＥ車でもない日産ｅ‐ＰＯＷＥＲは、ＢＥＶかＩＣＥかの政治論争で「がんばれニッポン」に白熱してる人には不都合な事実だろうが、クルマにとってはおそらく最適解だ。元祖ポルシェ博士もきっとこの意見に賛同してくれるだろう。引き続き開発頑張っていただきたい。少なくとも我ら萬福組は応援しています。

福野礼一郎 選定
項目別ベストワースト 2023

BEV化とは国際覇権論だが、クルマの良否は機械技術論である
いいICEはだめEVよりいいが、いいEVはダメICEよりいい
ICE執着／BEV粘着どちらもアホだ
BEV／ICE共用パッケージに傑作車なし、
1モーターFFのEVに傑作車なし

- □ 基本的には2023年版の改訂版です
- □ 現行生産車が評価対象です
- □ 理由は長くなるので解説していません。すみません
- □ グレード明記の場合はそのグレードのみの選定です
- □ 2～3車併記は同格1位です
- □ 乗ってないクルマ、貸してくれないクルマ、生産終了車は評価外です

2023年、期待を上回る出来だった
クルマもしくはアイテム

■モーガン……………………………………

内外装デザインと木骨ボディだけ生かして
換骨奪胎、オールアルミ車重1070kgの
ファンスポーツカーに生まれ変わった
旧車レプリカとして最上最高の出来

2023年、期待を下回る出来だった
クルマもしくはアイテム

■どこぞのトナーレ…………2006年登場のプラットフォームをいまごろ使い回す超低剛性シーラカンス、非力鈍足・最低レベルDCT制御。そもそも加速時後輪への荷重移動量が大きい高重心高＋ショートホイルベースのFF車にステアリングギヤ比13・6：1とか完全に訳わかんない

■欧州BEV各車…………モーター駆動最大の魅力である加速のレスポンス＝ジャークを封じた欧州EV勢は、ただ重いだけの骨付き豚肉と化しつつある

■操縦桿型ステアリング……デザイナー専横でクルマを作っていれば、いつかこうなるとわかっていた。だったらタイヤとホイールも早く四角くしろこの

■ICE／BEV共用BMW…シリーズ全車をICE／BEV共用ボディにする愚戦略でICE車も連れ回されてボディが分厚く重くなり、BMW唯一の魅力だった操安性資質大幅低下。さようならBMW、長いことありがとう。またいつか

2023年クラス別ベスト車

■Aセグメント……ルノー トゥインゴ

■Bセグメント……プジョー２０８　シトロエンＣ３　日産ノート（４ＷＤのみ）
トヨタ・アクア（ＦＦ／４ＷＤ）

■Cセグメント……プジョー３０８　シトロエンＤＳ４

■Dセグメント……テスラ・モデル３　アルファロメオ・ジュリア（Ｖ６含む）

■Eセグメント……ベンツＥ２２０ｄ（Ｗ２１３セダン／ワゴン）

■フルサイズセダン……ベンツＳクラスＷ２２３（ＥＱＳ４５０＋よりもＳ４００ｄ）

■軽自動車……スズキ・ジムニー（神は軽のみ）

■スモールスポーツカー……マツダ ロードスター（ＭＴのみ）

■ミドルスポーツカー……ケーターハム セブン（とくに軽）

■箱スポーツカー……該当なし

■アッパースポーツカー……モーガン プラスフォー　コルベットＣ８（同価格のミドポルシェより上）

■スモールSUV……スズキ・ジムニー（軽のみ）

■ミドルSUV……２代目ベンツＧＬＡ２００ｄ
ジープ・ラングラー（「アンリミテッド・サハラ」のみ）

■アッパーSUV……トヨタ ランドクルーザー（ディーゼルのみ）

■スモールミニバン……ダイハツ軽ミニバンのターボエンジン車

■ビッグミニバン……キャディラック・エスカレード

2023年部門別ベスト

■2023年福野礼一郎
エクステリアデザイン大賞……該当なし
■2023年福野礼一郎
インテリアデザイン大賞……該当なし
■2023年福野礼一郎
メカニズム大賞……日産e-power
■無監査変速機……ZF神8HP（形式名の前に「神」をつけて呼称したい）
■ベストバランスタイヤ……ミシュラン　エコタイヤからスポーツ系までおおむね完成度高い
■ベストBEV……テスラのセダン（EVがすごいのではなくテスラがすごいことがやっとわかった）
■ベストテスラ車……初代モデルS（テスラがすごいのではなく初代モデルSがすごいことがやっとわかった）
■サスの基本原理を応用したコロンブスの卵……マツダ ロードスターとCX-60のキネマティック・ポスチャー・コントロール
■前後モーターによる姿勢／操縦性制御……日産ノート4WD
■25年間登場を待ってた
神スーパーカー……GMA T・50
■内燃機ベストパワートレーン（横置き）……ダイハツKF型直列3気筒658ccターボ
■次点変速機……アイシン8速AT（ZF神8HPの制御に多くを学び頑張ってる）

～2023年おおいなる期待はずれと最低のできばえ

■2023年クルマ世界のくだらないトレンド……ジャークのないＢＥＶ

■2023年福野礼一郎ワーストインテリアデザイン大賞……レクサスＲＺの操縦桿型ステアリング

■2023年福野礼一郎ワーストエクステリアデザイン大賞……ＢＭＷ7シリーズ（i7含む）

■2023年福野礼一郎ワーストパッケージング大賞……ＢＭＷ7シリーズ（i7除く）

■2023年福野礼一郎ワースト操作系大賞……日産アリア、日産セレナの手元操作系

■2023年福野礼一郎ワーストメカニズム大賞……ベンツ日本仕様ＥＱＡ（ＢＥＶ＋ＦＦ）

■ワースト変速機対象……すべてのＣＶＴ

■自動車登場以来最低の計器……反対回りタコメーターのプジョーとそれを真似したＢＭＷ

クルマの格言と選びの鉄則

■軽量化「天使のサイクル」こそクルマすべての正義なり

■欧州ブランド信仰はきっぱりすて、クルマの神様＝機械工学信仰に帰依すべし

■「日本頑張れ」の度がすぎれば、必ずクルマが見えなくなる

■ＩＣＥ執着／ＢＥＶ粘着、どちらもアホである（粘着すべきはクルマの正義だ）

■クルマは必ず乗って走って他車と比べ、己の印象で判断すべし

■前席↕後席は別世界、試乗の際は後席にも乗って走って必ず乗り心地と騒音チェックすべし

モーターファン ロードテスト

現在の視点 1

3代目ホンダ プレリュード BA4／5／7型

図1：3代目ホンダ・プレリュード 2.0XX 1987年4月9日発表写真

モーターファン ロードテスト再録
3代目ホンダ プレリュード BA4／5／7型
□https://mf-topper.jp/articles/10002574

座談収録日 $$$$ 年 $ 月 $ 日

出　席　者	自動車設計者 ……	国内自動車メーカー A 社 OB 元車両開発責任者
	シャシ設計者 ……	国内自動車メーカー B 社 OB 元車両開発部署所属
	エンジン設計者 …	国内自動車メーカー C 社勤務エンジン設計部署所属

コンセプトと当時の試乗印象

――　３代目ホンダ・プレリュードです。この前の代の2代目プレリュードは4年4ヶ月で約60万台≒月産平均１万１０００台強を売り「デートカー」というジャンルを確立して一世を風靡しましたが、その人気を継承すべく１９８７年４月９日に発売したのが3代目ＢＡ４／５／７型です。バブル経済の勢いに乗って3代目も４年５ヶ月で約64万台≒平均１万２０００台／月を売って大成功しました。発表・発売当時は妙に多かったホンダ・シンパサイザー評論家が４ＷＳの出来も含め絶賛していましたが、乗ってみると「こんなひどいクルマは乗ったことがない」というほどの操縦感でした。ホンダならなんでも絶賛する評論家には、だからそのとき初めて猛烈な義憤を感じました。

シャシ設計者　ははは。そういうこと？

――　機械式前後比例制御の４ＷＳ（４輪操舵機構）の低速同相操舵も当然ひどかったですが、サスストロークを短くするとかくもクルマはひどくなるものか、ロールセンターをあげると操舵感覚はこれほどダメになるものか、その後の自動車評論の考え方の基本を教えてくれました。私にとっては金字塔的ダメグルマだったと思います。

エンジン設計者　「すべてシリーズ」にフェラーリ３０８ＧＴＳと並べてボンネットの低さを誇っている図が出てますね（図２）。わざわざカムドライブプーリーの歯数を下げてまでエンジン全高を下げ、しかも2代目で前傾15°だったエンジン搭載角度を後傾18°にして、重心高を下げるとともに車両ヨー慣性モーメントも小さくしてる。運動性の向上も考えてないことはなかったんでしょうが、図2や図1の外観写真を見て「ボンネット低くてカッコいいなあ」とは感じない。どう見てもなんかへん（笑）。

自動車設計者　フロントがぶっつぶれたヒラメみたいなクルマがカッコよく見えたのは、フェラーリなんかが憧れだった昭和の価値観まさにそのものだったんでしょうが、当時のエンジニアからすればこんなに低いフードというのは夢のようだったんですよ。とくにセンターを一段下げているところ、これなんかは、マネしたくてもできなかった。

——初代NSXもボンネット中央部を下げてましたが、ホンダのHマークをイメージしてると当時デザイナーが言ってました。

自動車設計者　NSXもそうでしたが、運転してみると

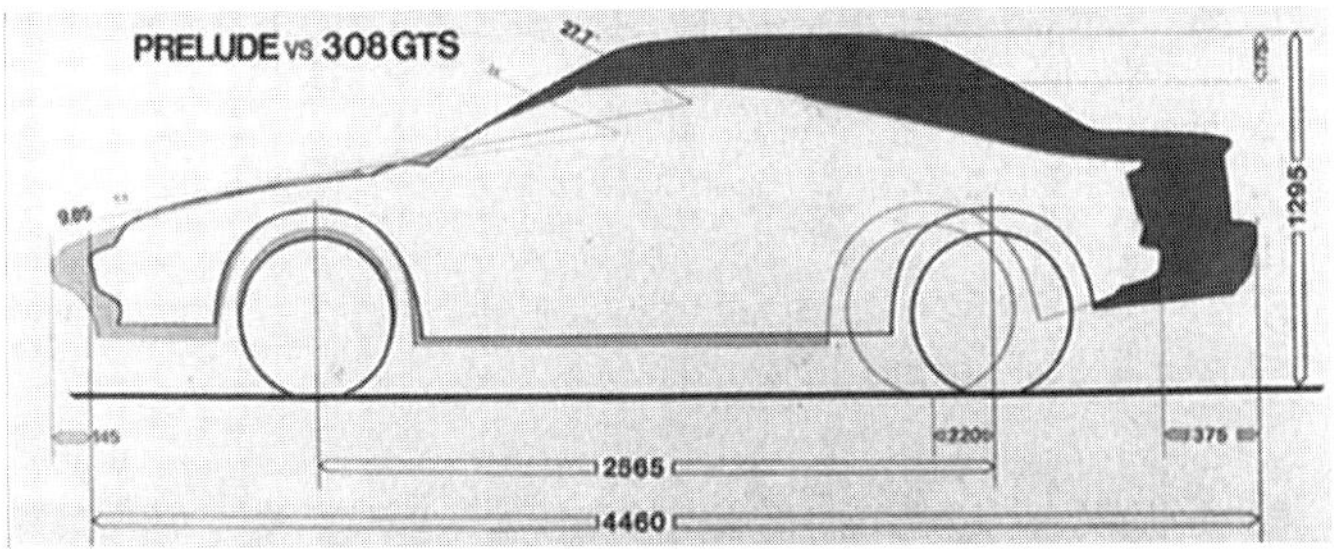

図2　プレリュードとフェラーリ308GTSの比較

「すべてシリーズ」掲載のホンダ提供の図版。当時はNSXの開発中で、ホンダは確か308と328を所有していた。うちシルバーの86年型328GTBは、大雨の栃木の周回路でNSXの事前試乗会を開催したとき、大御所の自動車評論家が運転して私の目の前を走っていて、バンク出口のサイドフォースでリヤをほんのわずか振ったときの修正舵から始まった操縦者自励振動（PIO）＝通称「タコ踊り」を5～6回くりかえし、停止寸前に側溝に落ちて全損になった（雨の高速走行あるある）。私は同じ車両にその寸前に乗ったが、3代目プレリュードにも一脈通じるサス設定の328が雨の高速走行でどんだけヤバいか知ってたので（86年に新車で328GTSを購入し1年間所有）1周で返却してことなきを得た。事故時は助手席にホンダ広報の女性が乗ってたが、幸いどちらにも怪我はなかった。

ノーズがまったく見えなくて地面が近くて、車両感覚が掴みずらくて、ちょっと怖かったですね。

シャシ設計者　ホンダの企業ＨＰの「プレスインフォメーション」には残念ながら3代目プレリュードの資料は出てませんでしたが、４代目の発表時資料があって、これが実に面白い。なぜかというと4代目プレリュードのシャシの基本開発テーマが、いってみれば「3代目の全否定」なんですよ。４代目はロールセンターをフロントで87㎜、リヤで75㎜も低くしてるんですが、その結果「車体のロール中心点が低くなり、接地点軌跡の曲率を減少できて路面の不整やサイドフォースや風の影響などによる外乱＝ロール・モーメントに対して車体が不必要に反応せず、コーナリング時の内輪接地性や乗り心地が向上、さらにロール時のサイドフォースの発生もリニアになって自然で懐の深いロール感を実現しました」と書いてある。３代目の操縦安定性がどんだけひどかったのか丁寧に説明してるのと同じ（笑）。

――　これは第一級の資料ですね。メーカー自身の自己批判なんだから、こんなに正しい3代目プレリュードの分析はない。

エンジン設計者　シティのときにも話題に出ましたが「自己批判から出発する」のがホンダのポリシーです。

自動車設計者　それがまた毎回「さすがホンダ」と言われるとこもホンダ。うらやましい。

シャシ設計者　当時社内で測定したら3代目プレリュードのフロントサスのバウンドストロークは確か40㎜くらいしかなかったです。乗用車なら普通80㎜は確保する。ありえない設計です。こんだけ短いとすぐ底付きしちゃうんで、バンプストップラバーを最初から接地気味にしてウルトラ非線形ばねにするしかない。だから旋回すると外側輪のばね定数が異様に高くなってフロントのロール剛性配分が極端に増え、どアンダーになります。内側輪が空転するとか、とんでもないことも起きるかも。「独自性をアピールする手段としてフェラーリくらいボンネットが低く視界のいいクルマにするぞ！」の大号令から始まって「ボンネット下げるためにサスのバウンドストロークを短縮」→「すぐ底付きするのでバンプストッパーを異常チューニング」→「それでも足りないのでリンクで荷重を受けるべくサスの瞬間中心を高くしてアンチロール率をあげる」→「フロントとのバランスでリヤの瞬間中心も上げざるをえない」→「結果あまりにひどいクルマになったので4代目で全部すてて、まともな設計に一新」、これが真相でしょう。

エンジン設計者　どアンダーで曲がらないから4WSもつけましたと。

自動車設計者　車両企画とデザイナーの無茶な要求を設計者がなんとかしようとあがいた結果、泥縄になったという典型的なケースでしょうねえ。

エンジン設計者　ところでウィキペディアには「法改正で低いボンネットが禁じられたこと」が4代目以降プレリュードの人気が墜落し、5代目でモデル消滅した原因である、という出典なしの独自研究が書いてありますが。

シャシ設計者　そんな法規制なんて当時ないですよ。1977年くらいに始まったFMVSS part581への対応でウレタンバンパーを採用し出しましたが、フードの高さとは関係ないし、歩行者保護規制は2005年からです。

【筆者注】１９９１年発行の4代目「プレリュードのすべて」掲載の手塚正人ＬＰＬのインタビューでも「思い切ったデザイン変更が必要だろうと思った」「かなり大胆な案を選んだ」とあるだけで、法規制云々などの事情は書いていない。また3代目と4代目のメーカー発表図版を透過Ｇｉｆで合成してみたところ「法規制がはいった」というほどフード高さに差はなく、ボンネット中央部を盛り上げたのは単にデザイン要件、4代目も基本的には同じくらい低かった（↓バウンドストロークは依然短い）。

――　ターンインで切り込んでもロールせずに旋回外側輪に荷重が乗って突っ張り、トラクションが抜けてアンダーが出る。４ＷＳが比例制御の同相操舵なので操舵の瞬間にリヤグリップが立ち上がり、アンダーがさらに増すと同時にクルマが一瞬横移動してヨーがつかない。しかも乗り心地も悪い。まさに劣悪な操縦性でした。こんなこと言うとまた「上から目線で旧車をけなしている」と怒られちゃうかもしれませんが、いくら思い出深く懐かしい旧車だからといって、真実に背をむけて擁護し、べたべた賛美するなんておかしい。「好き嫌い」と「いい悪い」は別の概念です。

エンジン設計者　まあ3代目についてはホンダ自身が公式にダメ出ししてるんだから文句ないですよね。でも3代目が2代目よりも売れたと聞いてちょっと驚きました。個人的には3代目の人気は１９８８年5月に5代目日産シルビア（Ｓ13型）と姉妹車の１８０ＳＸ（１９８９年4月発売）が出るまでの三日天下だったと感じてましたから。

自動車設計者　「グッドデザイン大賞」まで奪われましたからね。

エンジン設計者　ＣＶＣＣから三元触媒に趣旨替えして作った4弁ＤＯＨＣ145PS（ｎｅｔ）をプレリュードに乗せたが、シルビアはＣＡ18ＤＥにターボつけて175PS。さらに91年のマイチェンで205PSのＳＲ20ＤＥＴに乗せ替えた。80年代後半の技術競争のポイントはボンネットの低さなんかじゃない。馬力と性能ですよ。シルビアはハンドリングはもちろん加速性能でもプレリュードを圧倒してた。それでホンダはＶＴＥＣでＮＡ↓100PS／ℓを出すんですが、それでも直線じゃターボにかなわない。それならコーナリングで勝負だってんで、アシをガチガチに固めた普段乗りできないような異様でいびつなクルマ作りにどんどん傾倒していった。私はその発端が3代目プレリュードの性能的敗北だったんじゃないかと思ってます。

サスペンション

――4代目プレリュード（1991〜96年）の発表時資料では、

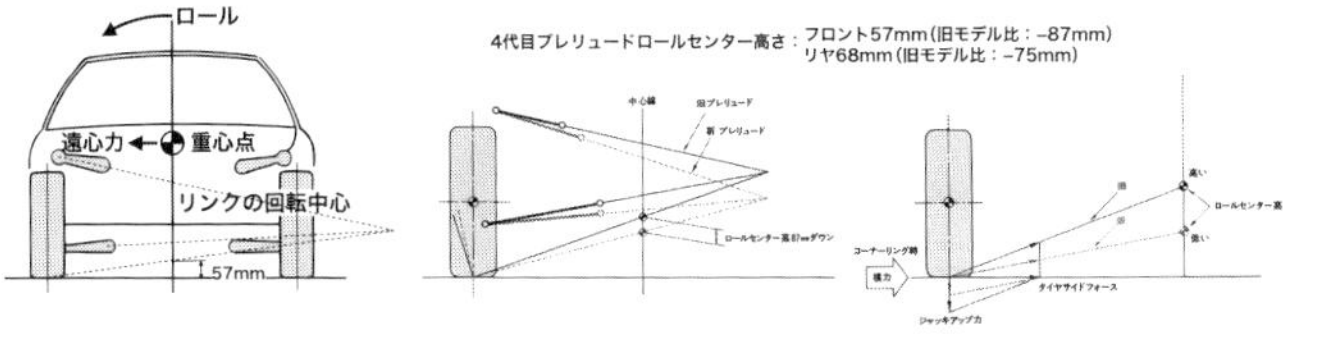

図3　4代目プレリュードの発表資料における3代目プレリュードの痛烈反省

ホンダの企業HPより。4代目はロールセンターをフロントで144mm→57mm、リヤで143mm→68mmへと大幅に下げた。これによっていかにクルマが良くなったか、FF車でフロントサスの瞬間中心（図では「リンクの回転中心」）とロールセンター（図の「57mm」）が高いとどんなひどいことが起こるか、4代目発表資料では図をまじえ端的に書いてある。メーカーの自己批判の通り、3代目は本当にひどいハンドリングのクルマだった。ゆえにサスの基本設計について多くを学ばせてもらい、いまでは感謝の念さえある。

3代目のシャシ・セッティングを全否定しています。「自己否定から開発を出発する」のが当時のホンダ独特の社風？ということですが、すくなくともサスセッティングに関しては購入したお客さんの信頼もまた全否定してるとしかいいようのない話です。一代で否定しなくちゃならないようなサス設定のクルマなんか最初から作るなと。

シャシ設計者　福野さんは3代目に乗った瞬間に「ロール感が不自然でアンダーが強く、4WSも違和感の塊だった」と感じたということでしたが、大改良した4代目はどうだったんですか。

――　すみません、まったく印象にないです。4代目が出たころ（1991年9月）には電制4WDありアクティブサスありAT含めた統合制御ありで、クルマの操縦性の判断基準はまったく別次元になってましたから。

エンジン設計者　今回3代目プレリュードのサスの図を改めて見たんですが、ジオメトリーの設定云々はともかく、形式としては前後ともハイアッパーアームのダブルウィッシュボーンですね。フロントは2代目プレリュードで採用、3代目でリヤにも採用したということですが。

自動車設計者　リヤに使うとストラット式同様、後席が邪魔してリヤのラジアスロッドのボディマウント位置を高く設定できないのでアンチリフト率が高く取れませんね。

シャシ設計者　でもこの形式だとリバウンドにともなってアッパーアームのピボットが前方に移動してキャスター角が小さくなっていくため、アンチリフト率は増えていきます（ストラットの場合はアッパーサポートは動かない）。

――なるほど。そうか。

エンジン設計者　ハイアッパー式ダブルウィッシュボーンは2代目プレリュードが世界初だったんでしょうか。

シャシ設計者　「タイヤよりも高い位置にアッパーアームのマウントがある」という形式で言えばスペン・キング設計のローバーP6（1963～70年）のフロントが有名ですよね（図5左）。コイルスプリングをタイヤの上部後方に横倒しに置いて、その直下にピボットしたリーディングアームをテコのように使ってスプリングを圧縮する。

――ローバーP6はリヤも変態でしたが（＝変形ド・ディオン）フロントもこんなですか。メリットはなんですか。

シャシ設計者　これは有名な話で、当初はガス

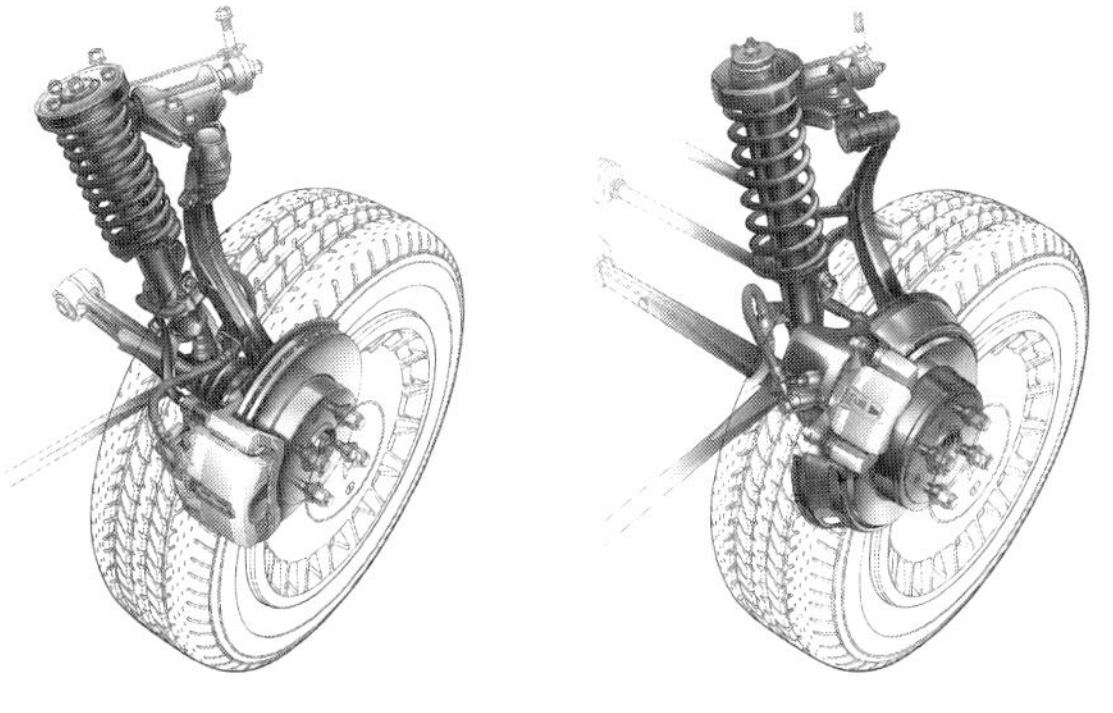

図4　プレリュードの前後サスペンション

1987年4月9日の発表時にホンダ技研広報部が公開した図版。左がフロント、右がリア。どちらもアッパーアームをタイヤの上端よりも上部に配置したハイアッパーアーム式ダブルウィッシュボーンだ。ストラット式に対して横剛性が高くダンパーに横力が加わらず、バンプ時の対地キャンバー変化が少なく、ステア軸のマウントスパンが長いため組み立て精度を出しやすいなどのメリットがある。ただしホンダ式はボンネットを下げるためAアームではなく、斜め配置アームを使った。フロントは2代目プレリュードから、リヤは3代目で導入。リヤにこの方式を使った場合、バウンドにつれてアッパーアームピボットが後退しキャスター角が大きくなるため、もともと小さい制動時のアンチリフト率が更に低下する欠点が出る。

タービンを搭載する予定だったからエンジンルームを広くする必要があったんですね。

――そういえば中村健也設計の初代トヨタ・センチュリー（1967～97年）も当初ガスタービン搭載を想定してたから操舵系のリンケージをエンジンルーム上部に配置したんだっていう話を聞いたことがあります（図5右）。

シャシ設計者　いまのハイアッパー式はほとんどがAアームですが、ホンダはアッパーアームを斜めにマウントしてます。ボンネットを低くするというのがこのときの至上命題だったんで、Aアームにするより、ひねってリヤ側に逃げた方がスペース的には有利だったんでしょう。

エンジン設計者　そういえば日産がバブル期の「901活動」のときに開発してR32スカイラインに使ったフロントサスも同じようにハイアッパーアームを斜めに

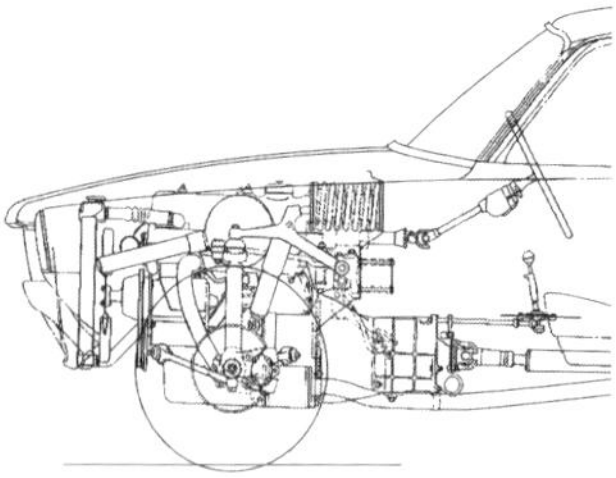

図5　（左）ローバーP6　図（右）初代トヨタ・センチュリー

P6は初代レンジローバーの開発責任者でもある「スペン・キング」ことチャールズ・スペンサー・キング、センチュリーは初代クラウン、初代コロナを作った中村健也がそれぞれ設計・開発を率いた。どちらも当時ガスタービン・エンジンの搭載を前提として設計したため、エンジンルームを真四角に広く取ることに注力した。P6はコイルばねをタイヤ上部後方に横倒し搭載、その直下にマウントしたリーディングアームでこれを押すという一種のハイアッパー式を採用。センチュリーは操舵系をエンジンルーム上部に配置し、ストラット式フロントサスのエアばね容器上端をサスタワー越しに回転、これを航空機の前脚と同じようなオレオ式トルクリンクによって下部ストラットに伝え、前輪がステアするという機構だった。後者の採用理由がガスタービン搭載にあったことはウィキペディアにも書いてない。

アッパーアームを置いたフロントマルチリンクでしたね。

シャシ設計者　いやいや、あれはステア軸を別に設定していて（回転軸の上側のピボットはホイールリム上端部くらいの位置にある）アッパーアームは両端とも軸支持の台形アームでした。ホンダ式はコイルダンパーをまたぐAアームに比べてボディ側の設計が楽になるし、ブッシュも1個だからセッティングもしやすいなど、フロントに使うならそれなりに合理的ですよ。アンチダイブの件も、フロントに使うなら逆にアンチダイブ率が増加するので好都合です。

――　3代目プレリュードの大きな特徴としていまに伝えられているのが「世界初の4WS採用」ですが、まず第一に4WSはオプション装備でした。第二にプレリュードに1ヶ月おくれの87年5月に発表・発売した5代目マツダ・カペラもまた4WSを採用しており、しかもホンダが操作性や取り回し性に違和感がある原始的な機械式の前後比例制御方式だったのに対し、マツダはちゃんと車速感応制御を導入していま

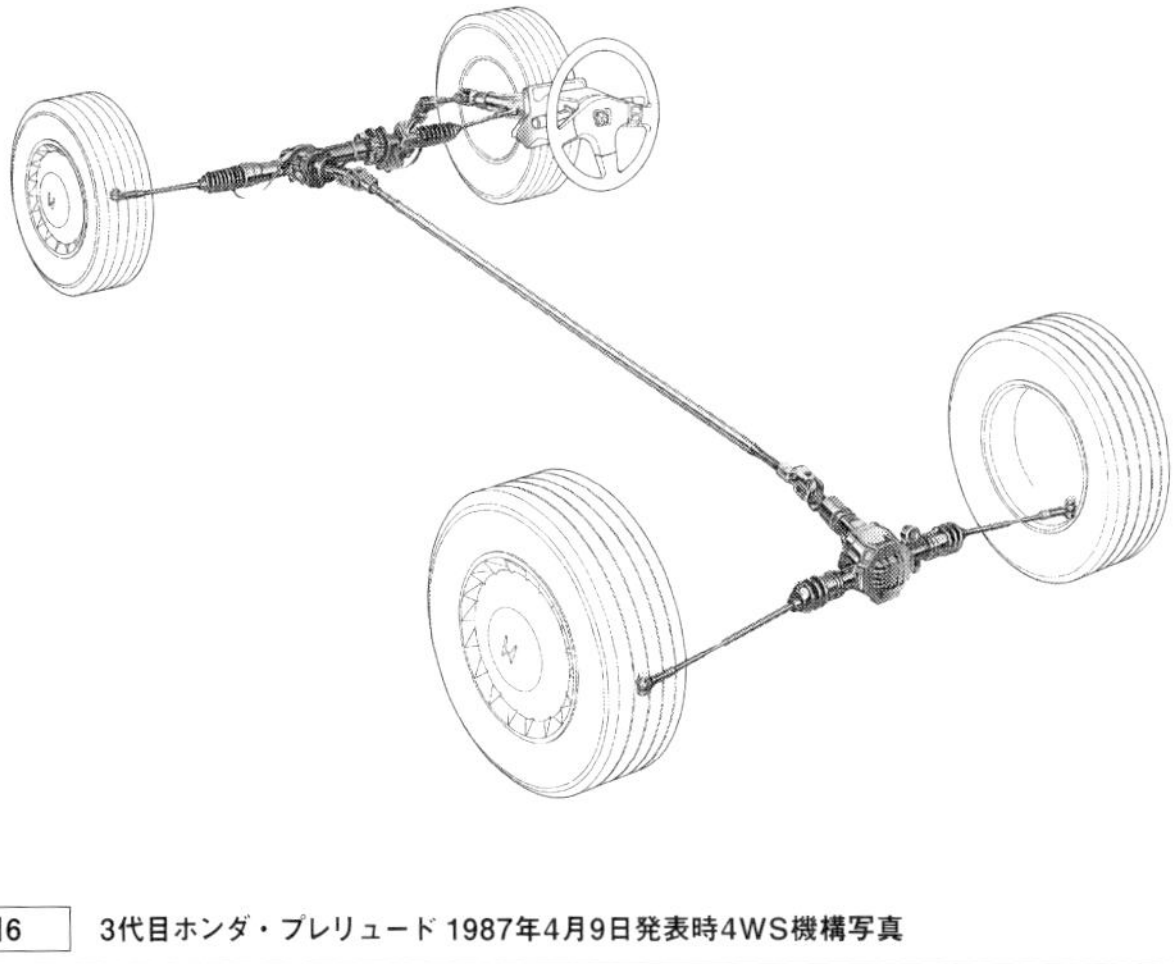

図6　3代目ホンダ・プレリュード 1987年4月9日発表時4WS機構写真

した。

シャシ設計者　後輪操舵ということだけなら高速同相操舵だけ行う日産のＨＩＣＡＳ（１９８５年８月発表の７代目Ｒ31型で採用）が初でしょう。

自動車設計者　当時各社の４ＷＳ車を試乗しましたが、どれも違和感が大きかったですねえ。

――　Ｒ31スカイラインはセミトレのブッシュのたわみがあるためか後輪操舵の効果が釈然としませんでしたが、５代目シルビアでマルチリンク＋ディレイ制御（前輪操舵に対して一瞬遅れて後輪が切れる）になってからは高速安定性はとてもよくなったし、プレリュードのように高速で操舵するとヨーがつかずに一瞬クルマが横移動するという奇妙な挙動も出ませんでした。

シャシ設計者　プレリュードでなによりひどかったのは低速逆相操舵ですよね。逆相は切れていくに従って後輪の旋回中心が移動していくんで、軸足がずれたらバットがうまく振れないのと同じで、バックの車庫入れなどはほとんど不可能でした。

――　リヤにプラネタリーギヤ機構を持つステアリングギヤボックスを設置、前輪舵角が小さい範囲では後輪は同相に切れ（操舵角約120°≒前輪切れ角10°あたりで後輪同相切れ角最大1.5°）、舵角が増していくと逆相に切れる（操舵角230°あたりから逆相に切れ始め、操舵角約450°≒前輪切れ角35°で後輪最大5.3°）という機構でした。全速度で前後比例作動です。

自動車設計者　「世界初の４ＷＳ採用」というのは正しくないでしょう。第二次世界大戦時のドイツ（＝ナチ）

の8輪駆動のSd・Kfz232は後輪4輪が機械的に連動して操舵してました（後退走行時のためにリヤに操縦士が搭乗）。

シャシ設計者　アメリカの消防ハシゴ車なんかには、リヤにもう一人乗ってて後輪を操舵して小回りさせる形式がありますよね。

――　1987年9月に日産のHICAS試験車にテストコースで乗せてもらいました。フェアレディZ31ベースの試作車で、後輪はマルチリンク+位相反転制御HICAS、前輪にも切り増し制御HICASがついており、前後とも作動ON／OFFできたんですが、ボディとサスがしっかりしてれば高速同相制御の効果は抜群だということをこれで確信しましたが、低速逆相操舵はプレリュードで乗って一瞬でゴミだと悟りました。それなのにいまになってBMWもベンツも低速逆相をつけてきた。理解不能です。

エンジン設計者　クルマが巨大化してホイールベースはどんどん長くなるのにヨーロッパの道は狭いまま、そこにきて日本の各社が持ってた4WSのパテントの期限が切れたからでしょう。死んでも日本にパテント料は払いたくないので、これまでは意地でも採用しなかった。

シャシ設計者　ビーエムはともかく、ベンツは前輪切れ角の大きさで小回りを効かせてきたわけでしょう。それこそ王道の設計じゃないですか。SUVのようなFF／4WD巨大車に「前進限定+速度感応4WS逆相」というならまだわかりますが。

エンジン設計者　パテント切れの話題でいうならBMWやアウディが長年使ってきた台形アーム式リヤサスをあ

っさりすてて5リンクにしたのも、ベンツのパテントが切れたからでしょう。

自動車設計者　いやフォーミュラカーが当時リヤに使っていた、横方向を上下の3リンク、前後方向を上下2本のトレーリングリンクで支持するサス形式もあれは5リンクですから、「5リンク」ということだけではパテントは取れなかったはずですが。

――　ＢＭＷがすてた台形アーム＋インテグラルリンク式をひろってきて使ってるメーカーがいるのは、これはＢＭＷのパテントが切れたからでは？（フォード、ジャガー、ボルボ、テスラ、旧ＦＣＡ「Ｇｉｏｒｇｉｏ」プラットフォーム車も採用）。廃物利用だからこれもＳＤＧｓの一種か。

話題性に乏しかったエンジン

――　フロントカウルが極端に低いスタイリングやオプションの４ＷＳの採用が大きなセールスポイントになった反面、自然吸気で１４５PSを発揮するＤＯＨＣ４バルブのＢ20Ａ型エンジンについてはそれほど話題になりませんでした。１９８７年4月、世の中いよいよバブル景気に躍りはじめたころで、各社インタークーラー付きターボを採用するなど馬力競争の様相を呈してきており、スペックではターボ勢に見劣りしたからです。翌88年5月に登場した5代目・日産シルビアは１・８ℓのＣＡ18型にターボをつけ１７５PS、フロント縦置きエンジン・後輪駆動、リヤマルチリンク＋ＨＩＣＡＳⅡという基本設計でスポーティ性でも話題性でもプレリュードのお株を奪った感がありました。

自動車設計者　でも調べてみたら5代目シルビアは5年4ヶ月で30万2329台＝平均4700台／月、2度マイナーチェンジして99年1月まで作った姉妹車の180SXは9年9ヶ月で11万3109台（平均960台／月）なので、販売台数ではプレリュードを打ち破れていません。ただしいまでもあのシルビア／180SXに人気があるのは、いま福野さんが言った基本スペックが理由でしょう。

――あまり話題にならなかった3代目プレリュードのB20A型エンジンに、なにか現在の視点で話題はありますか？

エンジン設計者　1984年11月に3代目ワンダーシビックと初代CR‐Xに「Si」というスポーツ系モデルを追加したときにデビューしたのが1・6ℓのZC型エンジン、馬力競争についていくためCVCCをすてて二次エア供給デバイス＋三元触媒を導入しDOHC4弁にしたユニットですが、この基本設計を踏襲して2ℓに排気量を拡大したのがB20A型です。のちに1・6ℓから2・1ℓ（2056cc）までバリエーション展開して2002年まで作りました。TypeRのベースともなったので「ホンダの名機」ということになってます。

――そうか、TypeRもここからか。。

エンジン設計者　ZC型の設計思想がベースということもあってかボアピッチが90㎜しかないので、ボアは81㎜までの拡大にとどめ、ストロークを95㎜にして総排気量1958cc。可変吸気を採用してこれを6000rpmまで引っ張って、なんとか145PS出しています。

自動車設計者　MFRTの実測では駆動輪出力は117・3PSですが、このときはもうnet表記になってたんですね。

エンジン設計者　はい。1985年4月からnet表記です。なので MFRTの実測値がnet値の80・9%というのは妥当な値です。

――　0〜100km/h 8・44秒、0-400m 16・09秒、最高速度204・1km/hという実測性能は、その5〜6年前なら2ℓとしては高性能だったでしょうけど、MFRT座談では動力性能の話題すら出ていません。データ報告は座談会場では毎回必ずあるはずなので、編集で全部カットしたと

図7　3代目ホンダ・プレリュード 1987年4月9日発表時B20A型エンジン

いうことでしょう。

シャシ設計者　それくらいこのエンジンには（雑誌的視点でも）話題性がなかったということでしょうね。

エンジン設計者　ＺＣ型同様アルミブロックを採用してますが、Ｂ20Ａ型は実は中子を使った鋳造のクローズドデッキです。当時の「モーターファン」の兼坂 弘さんの記事では「2ℓのでかいアルミブロックをオープンデッキでやる自信がなかったのだろう」と書いてました。Ｂ型系も代が重なっていくとオープンデッキにしています。

自動車設計者　オープンデッキとクローズドデッキの利害特質はなんですか。

エンジン設計者　オープンデッキとはダイカスト成形を使うことで生産性を高くする目的のブロック設計手法です。ダイカスト成形だと中子が使えないので、ウォータージャケットはスライド型で上方に抜かなければならないため、結果的にオープンデッキ形状にならざるを得ませんが、この設計だとシリンダー上部の剛性が低くなり、燃焼圧がかかってシリンダーにスラスト荷重がかかるとシリンダーが倒れ方向に動きやすくなります。なので燃焼圧の高い高性能エンジンではオープンデッキは難しいというのが当時の一般論でした。

――　えーと成形方法に誤解があるといけないので簡単に一般論を。エンジン設計者さんのいまのお話は、砂型鋳造と金型鋳造の違いとかの話題ではありません。この時代の自動車用エンジンのブロックの成形はほぼすべて金型です。この場合、クローズドデッキ設計のウォータージャケット（＝水路はエンジンブロックの内部で中空になる）を作るときは、ケイ素と樹脂を混ぜたレジンサンドを成形し加熱硬化した「シェル中子」と呼ぶ一種の砂型の中子（なかご）を使います。これを金型内部にセットしといて溶湯を流し、冷却後に中子を振動で崩しとれば中子の形状がそのまま中空部になります。金型成形を英語にすれば「ダイ・キャスト」ですが、ややこしいことにＪＩＳでいう「ダイカスト」とは、溶融した金属＝溶湯を機械的に加圧して（シリンダー内の溶湯をピストンで一気に押し出す）一瞬で金型内に送り込むという生産性に優れた成形方法に特化した名称（ＪＩＳ名称）です。以前取材した工場では「ダイカスト成形では型内部で溶湯が霧状に噴射される」と言っていました。このため薄肉成形ができることもダイカスト成形のメリットです。ただしダイカスト成形では中子は使えません。射出時の圧力で中子がずれたり壊れたりしてしまうからです。つまり一般論としては量産性の優れたダイカスト成形では中空構造は作れない。そこでダイカスト成形のエンジンブロックの場合はシリンダーのウォータジャケットは上部からスライド型で抜くのです（鋳鉄製スリーブを鋳込む場合でも同じ）。一方クローズドデッキにしたい場合は、量産性に目をつむって金型内に中子を並べ、溶湯をゆっくり金型内に注ぐ鋳造方式で成形するしかありません。

エンジン設計者　ブロックの鋳造法には大別して重力鋳造と加圧鋳造（中子が圧壊しない程度の低〜中圧鋳造）がありますが、Ｂ20Ａ型のときホンダはオープンデッキをあきらめて中子を使った加圧鋳造法にし、この鋳造法を「ＮＤＣ（ニューダイカスト）」と命名して、さもハイテクのように喧伝しましたが、兼坂さんは当時からそれを見抜いて、ちゃんと「別にただの加圧鋳造だ」と解説してました。ホンダファンがウィキペディアにいまでも「高圧鋳造のクローズドデッキ仕様も存在する」とか自慢げに書いてますが。「高圧鋳造」ってなんだよって

（笑）。

シャシ設計者　ウィキペディアのクルマの解説って提灯記事の選別引用かマニアの独自研究発表会場だからね。

エンジン設計者　図は4代目プレリュードに搭載した2・2ℓユニットの一例ですが、面白いことに160PSのF22型はオープンデッキ、200PSのH22A型はクローズドデッキと作り分けてた。でも見比べるとヘッドボルトの相対位置が同じなんですよ。通常クローズドデッキの場合はボア円周の接線くらいまでヘッドボルトを近づけるんですが、オープンデッキでは型抜きのためにウォータージャケットに抜きテーパをつけるため、水路の幅が上端部で10㎜くらいになってしまう。だからヘッドボルトの位置を離さなきゃいけない。結果シリンダーの剛性は低くなるだけでなく、ヘッドのシール性も甘くなるんです。しかしこの図の通りクローズドデッキのH22A型でもヘッドボルトはオープンデッキのF22B型と同じ位置に開けてある。設計と生産設備を共用するためクローズドデッキの設計をオープンデッキに合わせていたからです。H22A型は、せっかく中子を使って鋳造でクローズドデッキにしたメリットをこれで半分捨ててるわけですね。B20A型も同じです。当時のホンダのエンジンにはこういう妥協的な設計が多く、ボアピッチなんかも4種類くらいしかなかった。

――なのに「F1の技術でつくったエンジン！」なんていうイメージがいまでも流布されていますよね。しかしエンジン設計者さんが送ってくれた兼坂 弘さんのB20A型の記事では、ちゃんと当時、ホンダの設計と設計者のことを痛快になるくらいボロかすに書いてますね。

シャシ設計者　プロが真相に迫ったそういう記事がちゃんと過去にあるなら、ウィキペディアはそういう記事を

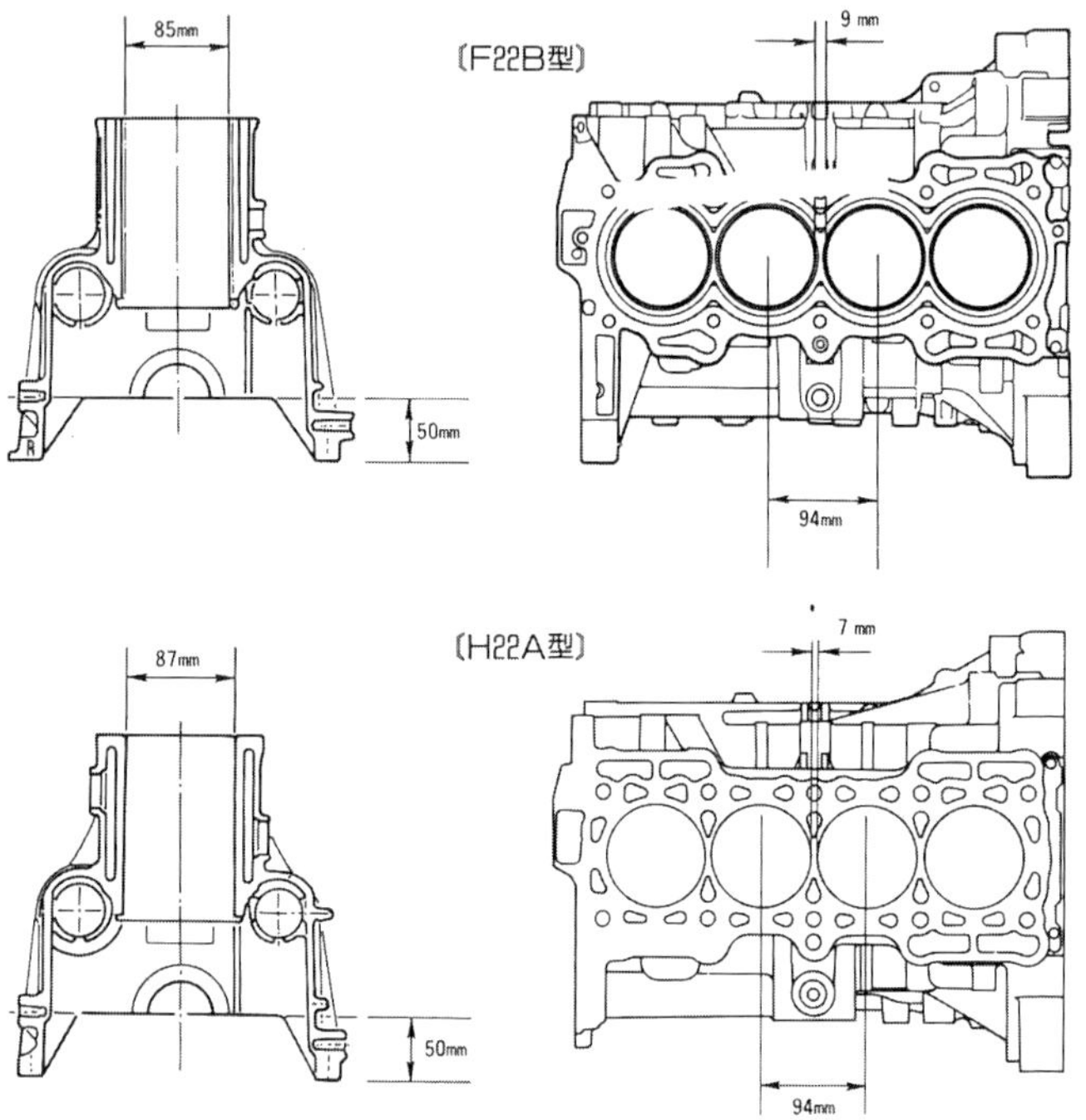

図8　**設計・生産の共用化で妥協的設計を行なった例**

B20A型エンジンはシリンダーの剛性確保への不安などから、金型成形ダイカスト＋スライド型＝オープンデッキ構造をやめ、金型成形加圧鋳造＋中子＝クローズドデッキ構造にしたが、オープンデッキ化も可能なようにあらかじめ設計したので、構造上のメリットを一部放棄した。その一例がヘッドボルト位置。同じ例が図の4代目プレリュード搭載F22B型とH22型でも見られる。ヘッドボルトの位置はどちらもオープンデッキのF22B型を基準に決めているが、クローズドデッキ専用設計ならばH22A型のヘッドボルトはシリンダー円周の接線あたりまでぐっと接近させて、シリンダーのシール性を上げることができたはずだ。当時のホンダ製エンジンはボアピッチの共用化など、生産都合による妥協的設計が多かった。現代のエンジンは設計と生産技術、なによりもガスケットの進歩で、オープンデッキ構造のディーゼルエンジンも可能になった。

参考文献にしてほしい。

エンジン設計者　ウィキペディアは真実を書く場ではなく、マニアが自分の都合のいい話を喧伝するための媒体ですから。

自動車設計者　ちなみにいまのエンジンはみんなオープンデッキですよね。

エンジン設計者　一部の超高性能エンジン以外はオープンデッキです。ようするにこれも「やる気になればなんだってできる」の一つの例で、ガソリンエンジン・モジュールのディーゼルエンジンのブロックだっていまやオープンデッキで作ってます。ようやるわーという感じですが。

ウエイストゲート付きターボ排撃論

エンジン設計者　自分は兼坂 弘さん同様「安直なウエイストゲート式ターボが大嫌い」なだけで、決してターボ過給そのものを否定しているのではありません。でもシティ・ターボでターボを出したあと、ホンダもウエイストゲート式ターボをやめました。

ホンダは1982年9月20日に0・75kgf／cm³の過給圧で100PSのシティ・ターボを発売、さらに1983年10月26日に空冷式インタークーラー付き過給圧0・85kgf／cm³の110PSのターボⅡを投入したが、1986年10月31日の2代目発表時にターボエンジンは全廃した。結局それ以降、2013年に5代目ステップワゴン

（RP型）で1・5ℓ直噴ターボのVTEC TURBOを出すまでのおよそ23年間、ホンダはウエイストゲート式ターボを1回も出していない。これに関してはネット上にもいろんな意見がありますが、私のエンジン設計者としての考えは「ホンダはF1の経験を通じてウエイストゲート式ターボエンジンがどんだけクソかということを誰よりも知っていたからだ」です。ホンダが当時なぜそれを論文などで公表しなかったのかはわかりませんが、日本車は一気にウエイストゲート式ターボに傾いていたし、ホンダもF1ではウエイストゲート式ターボで勝ってたわけで、表立って批判なんかすると余計な波風が立つと判断したのかもしれません。そのかわりに「ホンダはNAで効率を追求する」と喧伝した。きっと「これで察してね」ということだったんでしょう。

シャシ設計者　でも誰も察してくれなかったと（笑）。

エンジン設計者　立派なことにホンダは可変ジオメトリー式ターボチャージャーを採用することでウエイストゲートを廃止したターボエンジンをちゃんと出しています。初代レジェンドKA型のマイナーチェンジ（1987年10月）で積んだC20A型エンジンです。しかし「ターボラグを減らして過給圧を素早く立ち上がらせたのにトルクが出ない」という怪現象が生じ、パンチ力不足を指摘されてあえなく3年で姿を消しました。当時はまだ「掃気を利用してトルクを向上させる」という考えに至っていなかったからです。

――　掃気というのがトルクアップの本当にポイントなんですね。本誌の「クルマの教室」の連載ではエンジン設計者さんの「ウエイストゲート式ターボエンジン＝ゴミ論」を数回にわたって展開しました。あのときは現在のヨーロッパ式ダウンサイジングターボが主な批判の対象だったのですが、いずれにせよエンジン設計者さんの主な論点はドライバビリティではなく「熱効率」です。1970年代の登場時から、過給エンジンは過給圧を上げていくと全負荷時に燃焼室内で異常燃焼（ノッキング）が発生するため、圧縮比の低下、点火時期の遅角、空燃比リッチ設定などのノッキング対策をしなければならず全負荷時の熱効率が低下するということはよく知られていましたが、いやいやそれだけではないんだぞと。

エンジン設計者　図は「クルマの教室」単行本の83ページに掲載した図をベースにして作ったもので、全開全負荷のターボエンジンの回転数に対する吸排気の圧力の変化を測定した実際のベンチデータを基にしています。図の右端で下端の線が吸気圧、上端の線が排気圧。真ん中の線はウエイストゲートを使わなかったレジェン

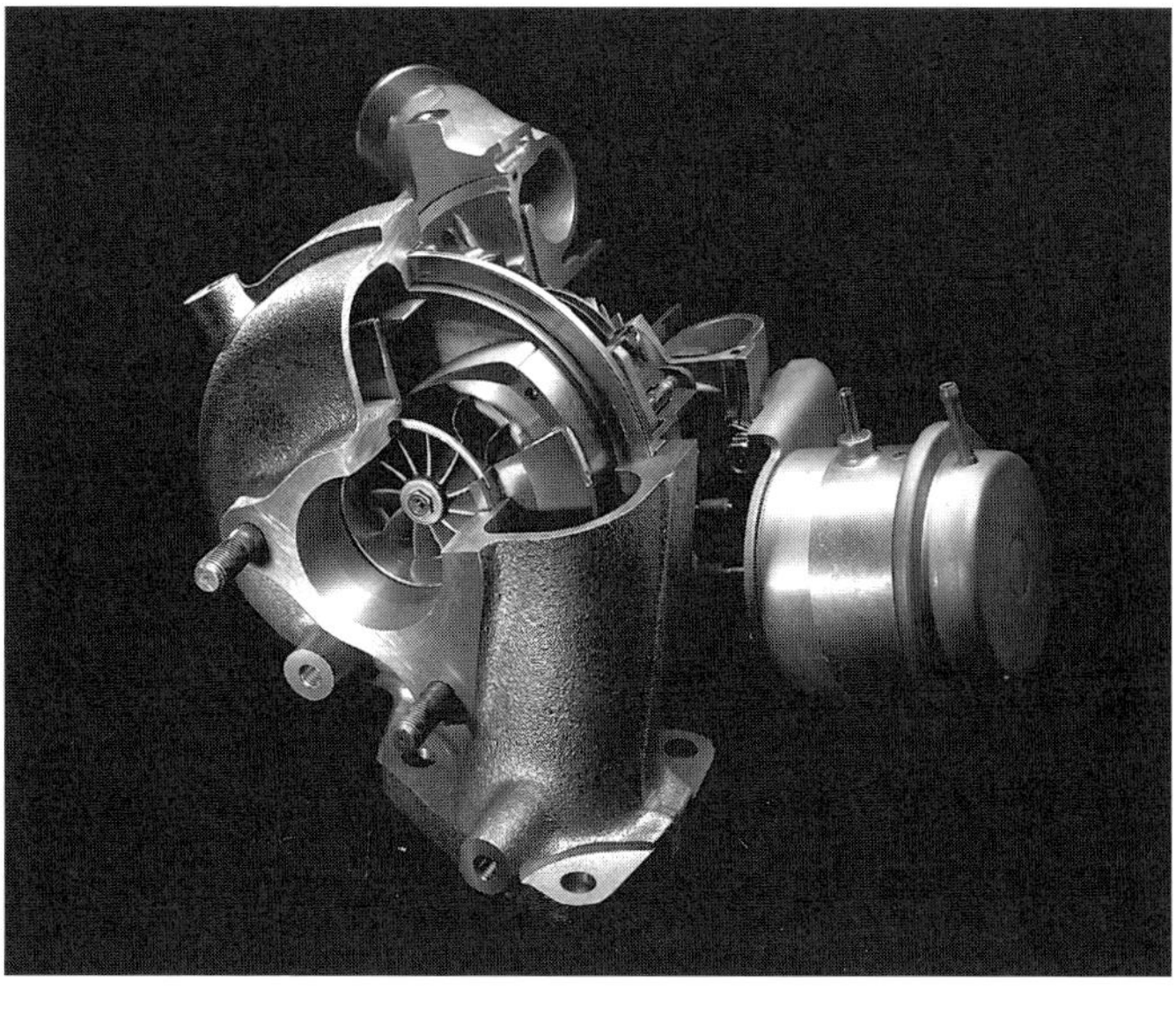

図9　初代ホンダ・レジェンド（KT型）1987年10月14日追加投入C20A型エンジン用VGターボ

ドの可変ベーン式ターボの排気圧を想定で描き加えたものです。このウエイストゲート式ターボエンジンでは３０００ｒｐｍ付近にインターセプトポイントがありますが、２４００ｒｐｍくらいまでの領域では排気圧より吸気圧のほうが高く、一緒に上昇しています。しかしウエイストゲートが開くとこのバランスが崩れ、回転数の上昇につれて排気圧がどんどん上がっていきます。吸気よりも排気の圧力の方が高いというのは、つまりこれ損失仕事です。ＰＶ線図で言うなら吸排気で反時計回りのループを描いているのと同じですね。排気圧＞吸気圧では高温・高濃度の

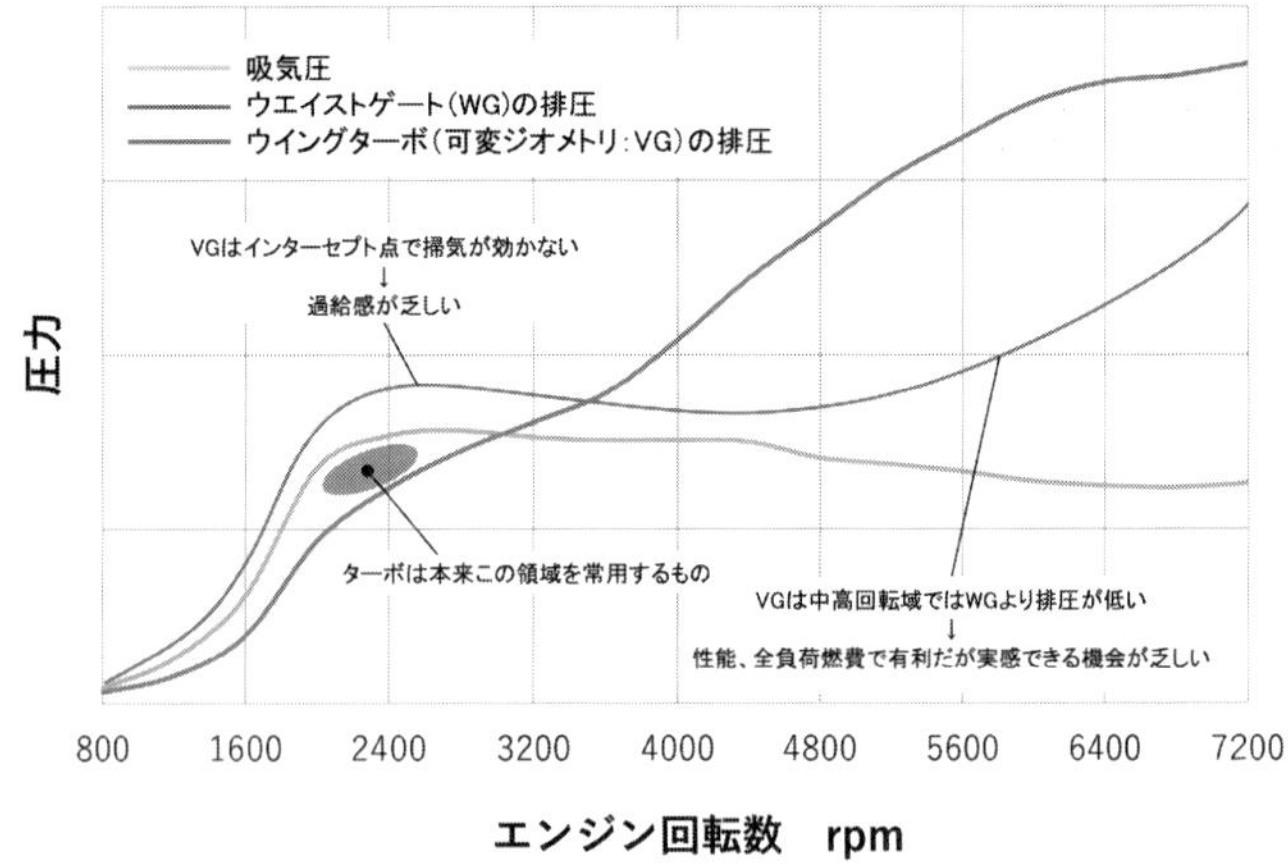

図10　ターボチャージャーにおけるウエイストゲートの存在悪とウイングターボ

エンジン回転数に対する吸排気の圧力の変化を測定した実際のターボエンジンのベンチデータ（二番めの線は推測）。ウエイストゲートが開いていないおおよそ2400rpmくらいまでの領域では吸気圧の方が排気圧より高く、吸排気の圧力は平行して上昇しているが、ウエイストゲートが開くと圧力のバランスが逆転し排気圧だけが上昇していく。これはウエイストゲートによる制御の固有の現象だ。吸気圧より排気圧が高い領域では吸排気工程は負の仕事になる。ホンダは「エンジン熱効率を大幅に下げるウエイストゲートをフル活用しながら燃費競争はするというF1のアホらしさを知っていた（エンジン設計者）」のでウエイストゲートをなくしてVGターボを採用たウイングターボを導入した（二番めの線）。しかし改善したのはおもに中高域の全負荷燃費だけで、インターセプト点あたりでは逆に掃気がきかないため加速のパンチに欠けた。

残留ガスの掃気もできません。なので食ってる燃料に対してトルクが出ない。効率が非常に悪いということです。

自動車設計者　どうもよくわからないなあ。ターボというのは大気にすてている排ガスの熱エネルギーの一部を回収して利用してるんではないんですか。

エンジン設計者　エンジンの教科書にも「熱エネルギーを回収して内燃機関としての熱効率を改善する」というターボの理屈を表す式が出てきます。しかしその前提条件は「吸気圧＞排気圧」なんです。「捨てているガスを利用している」といえるのは排気圧より吸気圧が高い領域だけ。ターボは最初に航空機のレシプロ・エンジンで登場したんですが、定速プロペラ付きの航空機ではエンジン回転領域が狭く、吸気圧＞排気圧の領域だけでエンジンを使ってたからあれはあれでよかった。しかし自動車用の場合、ウエイストゲートが開いて排気圧が吸気圧よりどんどん高くなっていってるゾーンでは「ターボを回すためのエネルギーをわざわざエンジンが作らされている」んですよ。

自動車設計者　「エンジンを無駄に回さないようウエイストゲートを開いて余分な排ガスをすてる」のではないんですか？

エンジン設計者　そんな器用なことはできないんで、結局ガソリンをがんがん投入して排気系全体から出る排ガスエネルギーをどんどん増やし、その一部でタービンを回して、残りはなんの効率向上にも使わずに捨てているんです。

シャシ設計者　結局「効率をなにに対して求めるか」ということではないのかな。**「単位排気量あたり高出力を出すならターボはいい」けど、「単位ガソリンあたりどれだけ出力をだすのかという話ならウエイストゲート式ターボはゴミ」**ということでしょ。それなら排気量でかくしたほうがまだマシだぞという。

自動車設計者　NAの場合は吸気圧＜排気圧にはならない？

エンジン設計者　もちろんNAでも触媒とか排気系の抵抗があるので吸気圧＜排気圧ですが、こんな極端な差はないので、中間領域までは掃気が効きます。中間域でトルクが最大になるのは脈動効果で掃気が効いているからで、高回転でトルクがだれていくのは掃気が効かなくなってくるからという理由が大きい。

――　でも図は全開全負荷での話でしょう。街中で普通に走っているときはアクセル開度は小さいし回転域も低いですよね。いまのATはその領域をうまく使って走ってると思いますが。

エンジン設計者　ATのストール回転は2000回転くらいあるし、スロットル早開き特性もあるので、自分ではアクセルペダルを5分の1しか踏んでないつもりでも、踏んだ瞬間にインターセプト点を超えて吸気圧＜排気圧になってます。普通に走っててもターボ車の燃費が悪いのがそのなによりの証拠です。図の「ウイングターボ」線は諸悪の根源のウエイストゲートを廃止したレジェンドの場合の排気圧の変化で、中高回転域で吸気圧と排気圧の差が少し減っています。ただターボラグを減らすことに熱中しすぎて低回転で排気の通路面積を絞り過ぎたため、流速は上がるが背圧が高くなり、インターセプト点あたりで掃気がきいてないからトルクが出ずに加速感が鈍かった。高回転域では通路面積は広がるけど今度はいびつな通路形状がガスの流れを阻害して排気損失が出る。

——当時の試乗印象も「全域ふぬけターボ」でした。

シャシ設計者　でもターボを拒絶したからホンダは馬力競争に負け、負け惜しみに「アシがガチガチすぎて街中は走れないタイプR」みたいな異形のクルマを出しちゃったというのがエンジン設計者さんの分析でしたね。

エンジン設計者　ランエボとインプレッサが長い間うだうだのんきな競争を続けてられたのも、ホンダが入ってこなかったから。ホンダが参入してたらすぐマジになって街中を走れないようなクルマ出して一人勝ちしちゃって、ああいう「街乗り車としての良識を失わない微笑ましいロングラン対決」にはならなかったでしょう。

——乗って走って気持ちいいクルマを是とする単細胞自動車評論家の立場からすると、**欲しい瞬間に力が出ないＮＡは気筒当たり大排気量エンジン以外ゴミ**、これでさらに**ウエイストゲート式ターボもゴミ**だとなると、いまの内燃機関は結局ガスを無駄に食わさない限り気持ち良くなれないから全部ゴミではないかという結論になりますね。**どうせエネルギー無駄使いするならゼロ速度で最大トルクを出すモーターのほうがいい**なと。

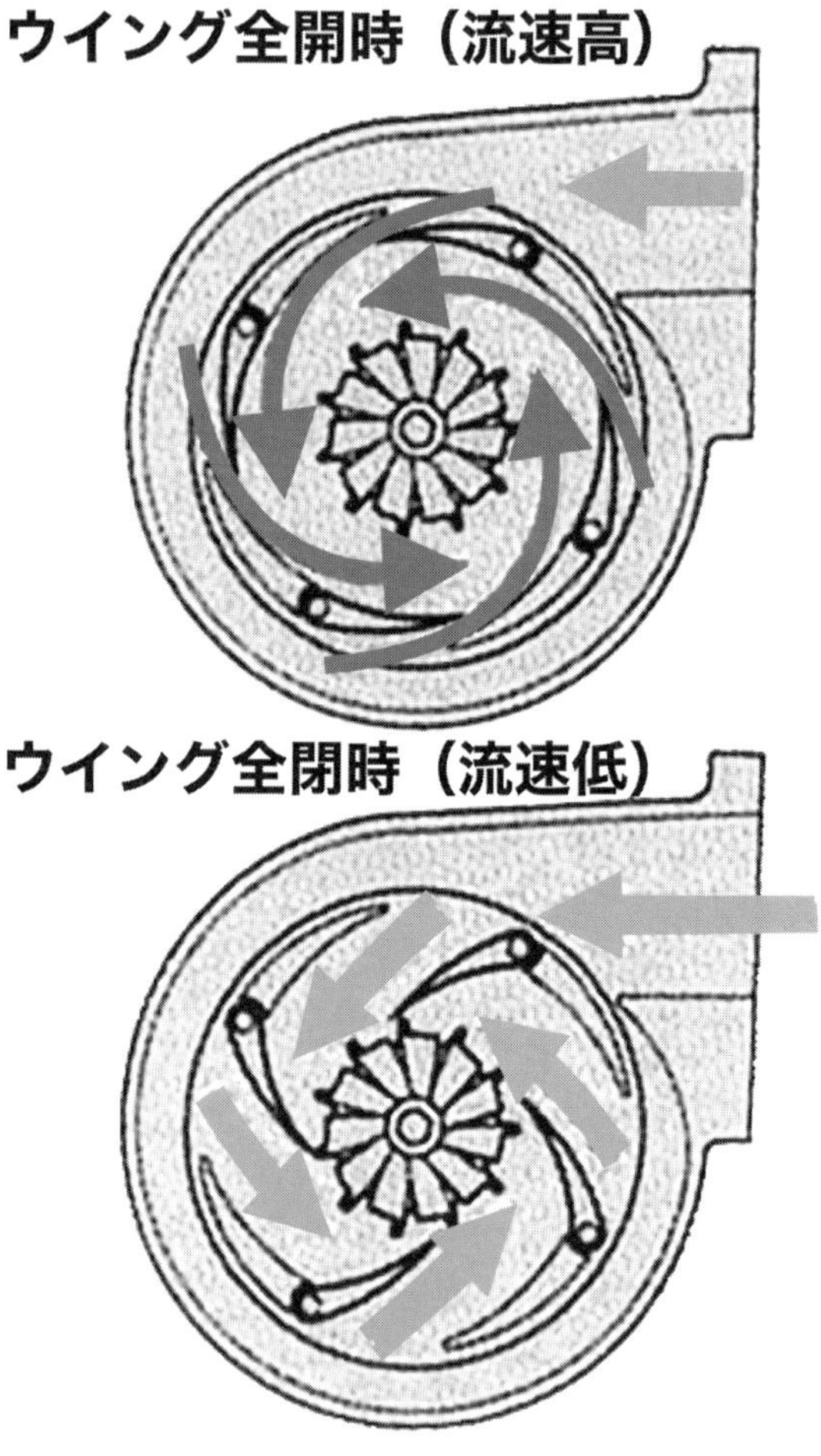

図11　初代レジェンドの可変ジオメトリー式ターボ

当時の図版より。可変A／R式のターボは日本車では1983年に三菱ふそうトラックが採用、乗用車では85年に日産セドリック／グロリアが60°V6 12バルブのVG20ET型に使った（「ジェットターボ」）。日産のものはベーンは1枚だったが当時の試乗感想は「ゴミ」。ホンダの「ウイングターボ」はベーン数を4枚にした自社設計・製造でウエイストゲートは使っていない。ただしこの図からも分かるようにベーン全開時にはガスの流れが堰き止められて、いかにも排気損失が大きい感じだ。「ターボラグは減って過給圧は立ち上がっているのにトルクが立ち上がらない」というその理由が「掃気の不全」だということが分かったのはターボブームが去ったあとだった。

ホンダ プレリュード2.0Si 4WS（1987年4月9日発表・発売）

全長×全幅×全高4460×1695×1295mm

ホイルベース2565mm　　トレッド1480mm/1470mm

カタログ車重：1140kg

MFRT実測重量：1162.0kg(前軸704kg=60.6%／後軸458kg=39.4%)

前面投影面積1.78㎡（写真測定値）燃料タンク容量60ℓ

最小回転半径4.8m（MFRT実測実用最小外側旋回半径5.29m）

MFRT時装着タイヤ：ブリヂストン ポテンザRE86 195/60R14（空気圧前後2.0kg/cm²）

駆動輪出力117.3PS/6250rpm（net公称値の80.9%：1985年4月からnet表記）

5MTギヤ比①3.166 ②1.857 ③1.259 ④0.935 ⑤0.794

最終減速比4.062

エンジン1000rpmあたり速度①8.3km/h ②14.1km/h ③20.9km/h ④28.1km/h ⑤33.1km/h

MFRTによる実測性能　5MT車：0-100km/h 8.44秒　0-400m 16.09秒

最高速度：204.0km/h（400m区間）

発表当時の販売価格（1987年4月発売時）2.0Si（B20A DOHC16バルブ145PS 4速AT ALB＋4WS）：247.4万円　2.0XX（B20A SOHC12バルブ110PS 4速AT ALB+4WS）：214.9円

発表日 1987年4月9日

販売販売累計約64万台（53ヶ月 平均1万2000台／月）

モーターファン・ロードテスト（MFRT）

試験実施日1987年5月7〜12日（87年9月号掲載）

場所：日本自動車研究所（JARI）

モーターファン ロードテスト

現在の視点 2

5代目日産シルビア／180SX S13／KS13型

図1：5代目日産シルビアK's 1988年5月17日発表時広報写真

モーターファン ロードテスト再録
5代目日産シルビア／180SX S13／KS13型
□https://mf-topper.jp/articles/10002575

座談収録日　$$$$ 年 $ 月 $ 日

出　席　者
自動車設計者 …… 国内自動車メーカー A 社 OB 元車両開発責任者
シャシ設計者 …… 国内自動車メーカー B 社 OB 元車両開発部署所属
エンジン設計者 … 国内自動車メーカー C 社勤務エンジン設計部署所属

コンセプト

——　いよいよ世の中がバブル景気に躍ってきた1988年5月17日、赤坂ツインタワービルにある多目的ホール「ラフォーレミュージアム赤坂」（→2014年に解体）で行なわれた5代目シルビアの報道発表会には当時の久米豊社長も出席、報道陣の前で堂々「打倒プレリュード」を宣言して驚かせました。前年4月にモデルチェンジし2代目に続いて販売絶好調だった3代目プレリュードとボディサイズはほぼ同じ（全長＋10㎜、全幅－5㎜、全高＋5㎜、ホイールベース－90㎜）、価格もプレリュードの2・0Si（NA145PS）4速AT仕様がALBと4WS付きで247・4万円だったのに対し、シルビアK'sはターボ（175PS）の4速ATで244・3万円と、ぴたり狙いを定めてぶつけていました。

シャシ設計者　HICASⅡとABSをつけるとプレリュードより高くなる（オプション合計23万円）。なぜかMFRTの試験車もHICASⅡなし。HICASⅡをつけるとタイヤ銘柄もポテンザRE71というCFもCPも高い仕様になるらしく、たぶん乗り心地などに当然背反が出る。それをMFRTで先生方に突っ込まれるのを嫌ったんじゃないかなと推察。

——　あり得ますね。HICASは7代目スカイライン（1985～89）で採用したけど、あれはセミトレのサブフレームを油圧で引っ張ってコンプライアンス変化させる構造。シルビアでリヤがマルチリンクになったんでキングピン軸を設定してアクチュエーターでジオメトリー変化させられるようになったということで、それが

「ＨＩＣＡＳⅡ」ということですね。

エンジン設計者　それとディレイ制御です。前輪の操舵に一瞬遅れて後輪が同相操舵する。

――プレリュードのメカ式みたいに前後比例制御（同時操舵）だと、操舵の瞬間にヨーが立ち上がらずにクルマが一瞬平行移動する違和感が出る。リヤの同相操舵を一瞬遅らせればヨーがついてから安定化する。

エンジン設計者　はい。さらに逆相にいったん切ってから同相に切る位相反転制御をやったのが８代目Ｒ32スカイライン（１９８９～94）とＺ32型フェアレディＺ（１９８９～２０００）につけた「スーパーＨＩＣＡＳ」ですね。

――シルビアはＦＲ、全車16バルブツインカム、マルチリンクサス、ＨＩＣＡＳⅡ、ビスカスＬＳＤ、４輪ＡＢＳ、ヘッドアップディスプレイなど、その基本設計とハイテク装備に当時目を奪われました。試乗した感じも、プレリュードはなにがいいんだかさっぱりわからないカッコだけのミーハーなクルマでしたが、シルビアは基本が骨太で走りがしっかりした本物のスポーティカーで、当時の私の視点だと０点vs90点くらいの差がありました。

エンジン設計者　私は86レビンからの乗り換えで、ターボのシルビアK's を当時新車で買って自分でいじりながら８年間乗ったんですが、４Ａ‐ＧＥに比べると吹け上がりが悪くて全般にもっさりした走りのクルマでした。当時すでに今の会社に勤務してて高出力エンジンの開発をやっていたので、ＣＡ18ＤＥＴはとくにパワフルだとも感じず、全般に「印象のうす～いエンジン」だなあという感じでした。ターボだからチューニングがお手軽にできたので、ブーストアップ+燃調、マフラー交換でなんとか満足してましたが。

自動車設計者　メーカー勤務者なのにマフラー交換？

エンジン設計者　触媒含めてＪＡＭＳ認証品ですのでギリギリの良識は保ったつもりです（笑）。チューニングした状態で燃費は８km／ℓくらいだったですが、そんなものかと。いまから思うと色々幸せな時代でした。シルビアでよかったのはオシャレなカッコとインテリアくらいですね。インパネのデザインや表一体成形のシートは当時としては非の打ち所がなかった。だから自分的には**「シルビア＝ソアラ小型版」という印象**でした。

――いやいやプレリュードこそソアラ小型版でしょう。シルビアは「ミニＲ32ＧＴ-Ｒ」では。私はそういう印象でしたが。

自動車設計者　初代シルビア（ＣＳＰ３１１　１９６５〜68）は子供心にもかっこいいクルマだなあと思いましたが、２代目以降のシルビアは毎回のようにコンセプトがころころ変わって印象にありません。ただこの5代目はフロントのデザインはよかっ

図2　シルビアのインテリア

当時新車でシルビアを購入、8年間乗ったという講師エンジン設計者が絶賛したのは走りではなくインテリアだった。センターコンソールと一体化したデザインのインパネはステアリングの意匠とも連動して確かに完成度が高い。表皮一体成形のシートも当時としては斬新だった。継ぎ目のない凹面を作ることで体に表皮をフィットさせ面圧を均一化できるため2000年代になって各社が採用したが、当時はのっぺりしたこの外観に人気がなかったのか、1991年1月のマイチェンで通常の吊り表皮に戻ってしまった。

た。フロントフェンダーからノーズにかけてぱーんと面に張りがあって、いま見てもこのフロントは悪くない。

――グリルレスでヘッドライト間の間隔が狭くて「小顔」ですね。

エンジン設計者　「打倒プレリュードの目的のためにホンダからプレリュードのデザイナーを引き抜いてデザインさせた」という都市伝説がありますが、福野さん真相は知りませんか？

――聞いたことないです。

エンジン設計者　シルビアはグッドデザイン大賞を受賞してます。大賞受賞は初代シビックに続いて二番目の快挙。

シャシ設計者　ＭＦＲＴ座談で千葉 匠さんというデザイン評論家の人が「シビックは工業デザインとして評価されたが、シルビアにはカッコ以外にはなにもない。（そんなものにグッドデザイン大賞を与えたのは）デザインの評価が変化した象徴的な出来事だ」のようなことを言ってますね。

――グッドデザイン賞なんてそもそも権威だけで中身ゼロでしょう。自称デザイン専門家の人気投票ですから。私も審査員に勧誘されましたがお断りしました。シルビアの登場11ヶ月後の１９８９年4月には対米輸出向けハッチバック仕様の２４０ＳＸにＣＡ18ＤＥＴを積んだ「１８０ＳＸ」を国内に追加投入してます。改めて調べてみたらシルビアと１８０ＳＸを合わせてもモデルライフで41万５４３８台、**シルビアは月販平均４７００台**というレベルで、４年４ヶ月で60万台≒月平均１万１０００台強を売った2代目プレリュードや**４年５ヶ月で64万台≒平均１万２０００台／月を売った3代目プレリュードには到底およばなかった**ことがわかりました。

リヤサスペンション

――このクルマで日産は「マルチリンク」を呼称するリヤサスをいよいよ採用しました。

シャシ設計者　ベンツが１９０Ｅ（Ｗ２０１　１９８２〜92）で採用して脚光を浴びた5リンク式ではなく、ロワがダイアゴナルＡアームです。たしかトヨタはアッパーがＡアームだったですが、セミトレーリングアームからマルチリンクへ移行した2社は双方とも5リンクにはしなかった。

自動車設計者　パテントの話題が以前出ましたが、５リンクは60年代のフォーミュラカーのリヤサスに普通に使ってたから、形式それ自体では特許は取れないと思うんですよ。それより当時のベンツの5リンクの論文ね、あれを熟読してもいまいちメリットがよくわからなかった。世界中の誰も5リンクに飛び付かなかったのは、あの訳わからん論文の影響もあったのでは。

――それは面白い。

シャシ設計者「当時の日本では5リンクは計算できなかった」という人もいるけど、やろうと思えばできた。

エンジン設計者　日産については１９８５年に横置きミドシップ＋４ＷＤの「ＭＩＤ４」という試作車があって、あれのリヤサスはダイアゴナル配置のＡアームを使ったストラットでした。ボディ側マウントブッシュを軸方向にソフト、軸直角方向に硬めにして、パッシブで横力（コンプライアンス）トーインにするという

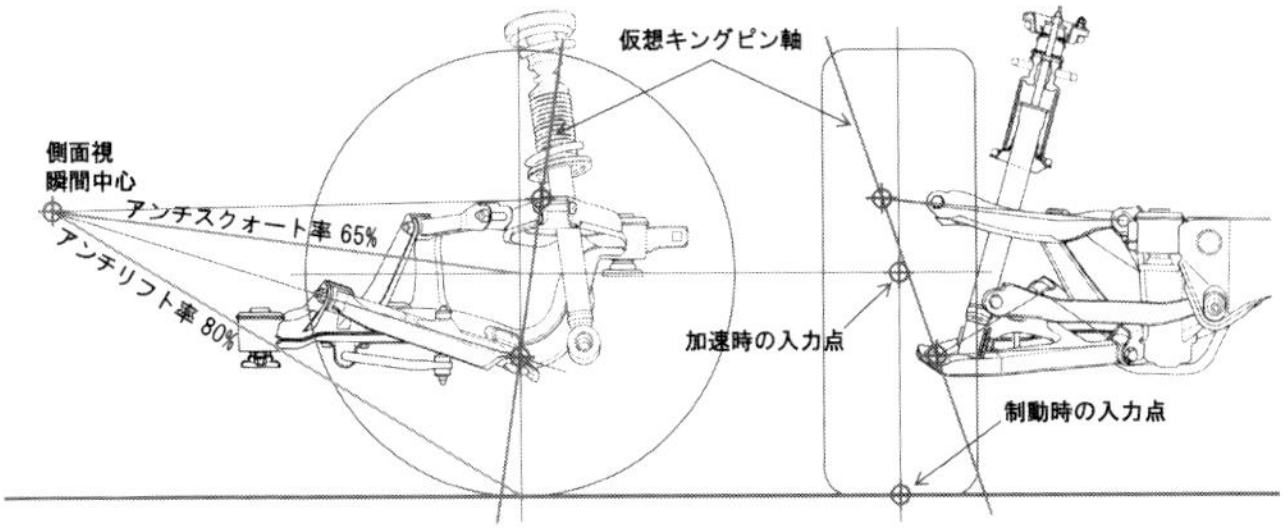

図3　シルビアが採用したリヤマルチリンク式サスペンション

新型車解説書掲載の図版より。ハブキャリアから外側を（たぶんわざと）描いていないので、講師シャシ設計者が推定で描いてくれた。ロワは平面形でマウント軸が後傾したダイアゴナルAアームだが（図版次号掲載）、側面視でもこのように極端な後傾角がつけてあり、瞬間中心がスピンドル中心より高い。長年使ってきたセミトレーリングアーム式の欠点である過大スクオートの反省から、アンチスクオート率を高めようとした設計だ。

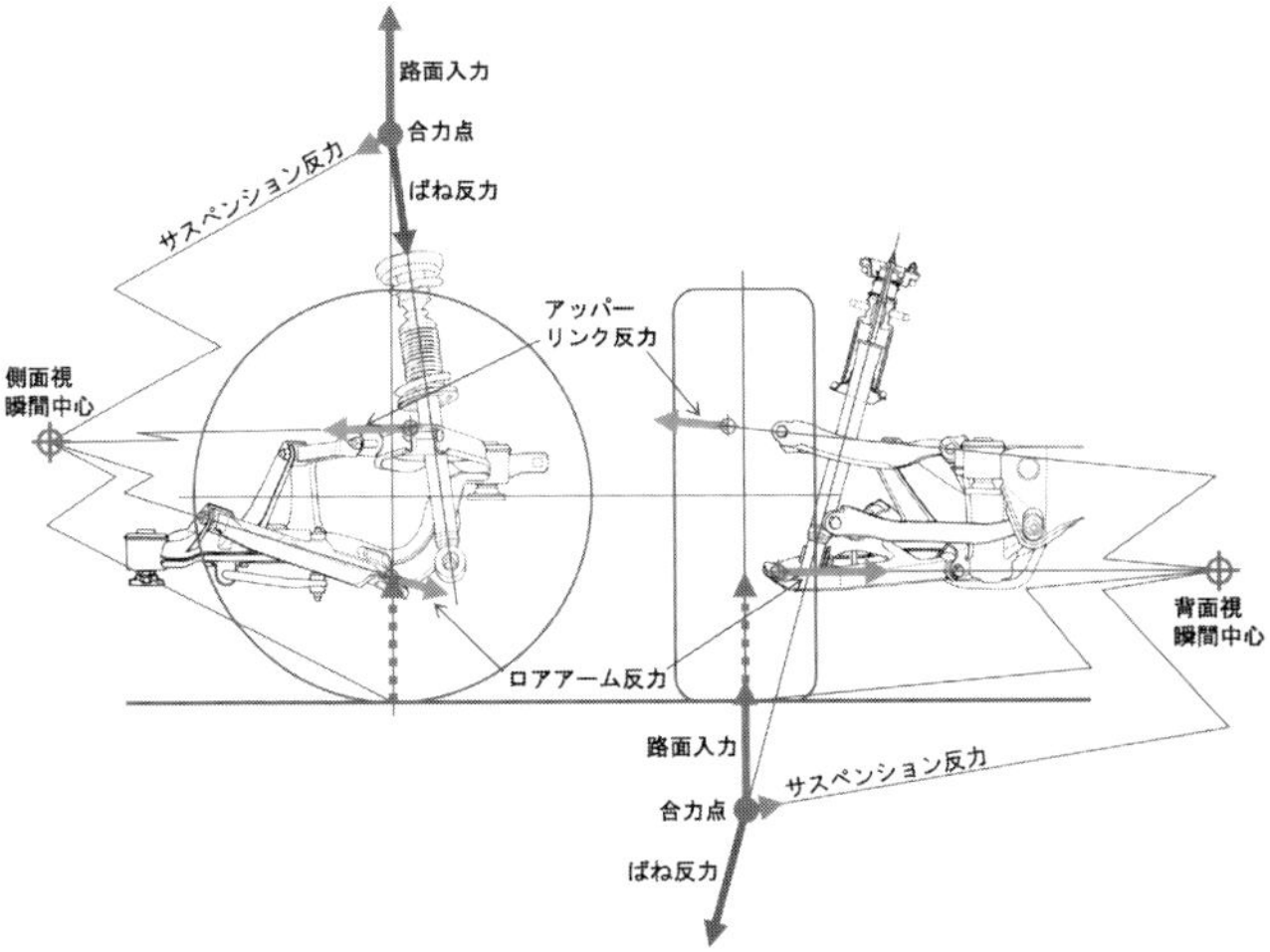

図4　シルビア／180SXのリヤマルチリンク式サスペンション

新型車解説書掲載の図版にシャシ設計者が作図したもの。このサスのように路面からの垂直の入力（赤矢印）とばね反力（青矢印）が同一線上にない場合、背面視とおなじように側面視でも反力が生じる。図にはそれぞれが分力されてアッパリンクとロアアームに加わった力を描いているが、ともに路面入力やばね反力に近い、大きな力であることがわかる。「軸線のずれが大きいほどサスに大きな力が加わり、ブッシュが柔らかいと路面入力の変化によってサスが不整な動きをします。一般的にこのようなサスは乗り心地と操安性の両立が難しくなります。Aアームの設計も含めチューニングが難しいリヤサスという印象です（シャシ設計者）」

「DARS」という考え方はあのときに発表しました。シルビアのマルチリンクはあのサスから発展したから、ロワがダイアゴナルAアームなんだと思います。

―― なるほど。確かにMID4はそうでしたね。最初のモデルには追浜のテストコースの試乗会で乗りましたが、横力トーインどころか、リヤがぐにゃぐにゃで真っ直ぐ走らず、肝を冷やしました。

シャシ設計者 試作車なんてそんなもんですよ。しかしよくそんなものに素人を乗せたなあ。

―― リヤをマルチリンクにしてエンジン縦置きにした2代目のMID4‐Ⅱは栃木のハンドリング試験路で乗せてもらいましたが、操安性についてはすぐ出せるくらい完成していて驚きました。

シャシ設計者 シルビアのパッシブ横力トーインについては、ポルシェ928のバイザッハアクスル同様半分眉唾で、せいぜい「横力トーアウト若干キャンセル程度の効能」しかないはずですが、特徴的なのはダイアゴナルAアームのこの側面視での後傾角ですね。極端なアンチリフト/アンチスクオート・ジオメトリー（図3）。作図してみるとアンチリフト率80％くらい、アンチスクオート率65％くらいあります。

自動車設計者 瞬間中心を上げた主眼はアンチスクオートでしょう。日産のエンジニアの中におけるシーマへの反論だったとか？

シャシ設計者 はい。まさにそうだと思います。セミトレは瞬間中心が後軸に近くてボディマウントがスピンドル中心より低い位置にあるから、マイナスのアンチリフト（＝プロリフト）になって、加速時に極端にリヤがスクオートする。イメージとは正反対にこれだとリヤサスが沈み込むまで荷重はリヤに移動しないからトラクションがかからない。アンチスクオート率１００％なら発進の瞬間にリヤに荷重移動してトラクションばりばりにかかります。

サスペンション

――　エンジン設計者さんは当時86レビンからの乗り換えでターボのK'sを新車で買って、いじりながらサーキット走行なども含め８年間乗ったそうですが。

エンジン設計者　不満もありましたが、たっぷり楽しみました。

シャシ設計者　本車のリヤサスは側面視でもコイル／ダンパーユニットの方向が垂直の路面入力からずれています。これでは上下動に応じて常にサス全体を回転させるような力が働いてしまうので、あんまりいいことない。

自動車設計者　ドライブシャフトを逃げなきゃいけないし、サスタワーはシートとトランクルームの間に持って行かざるを得ないし、いろいろ制約があるのでここはなかなか理想（＝接地点

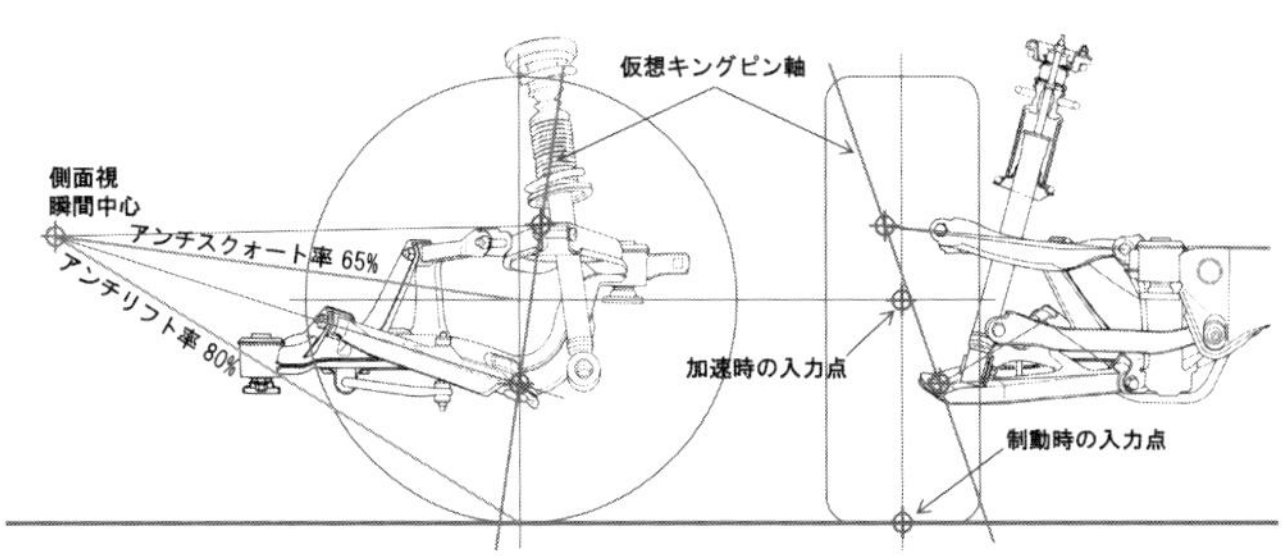

図3　シルビアが採用したリヤマルチリンク式サスペンション

新型車解説書掲載の図版より。ハブキャリアから外側を（たぶんわざと）描いていないので、講師シャシ設計者が推定で描いてくれた。ロワは平面形でマウント軸が後傾したダイアゴナルAアームだが（図版次号掲載）、側面視でもこのように極端な後傾角がつけてあり、瞬間中心がスピンドル中心より高い。長年使ってきたセミトレーリングアーム式の欠点である過大スクオートの反省から、アンチスクオート率を高めようとした設計だ。

に向けて配置する）通りには行かない部分でしょう。

シャシ設計者　あと仮想キングピン軸の配置からすると制動力トーアウトです。**クルマにかかる最大の力は制動力**ですが、このサスの最大の欠点は前後力を取るアームがないこと。サブフレームも小型でしょう。総合するといろいろとセッティングが難しいサスだなあと。

自動車設計者　ＭＦＲＴとかすべてシリーズを読むとハンドリングについてはおおむね高評価だったようですが。

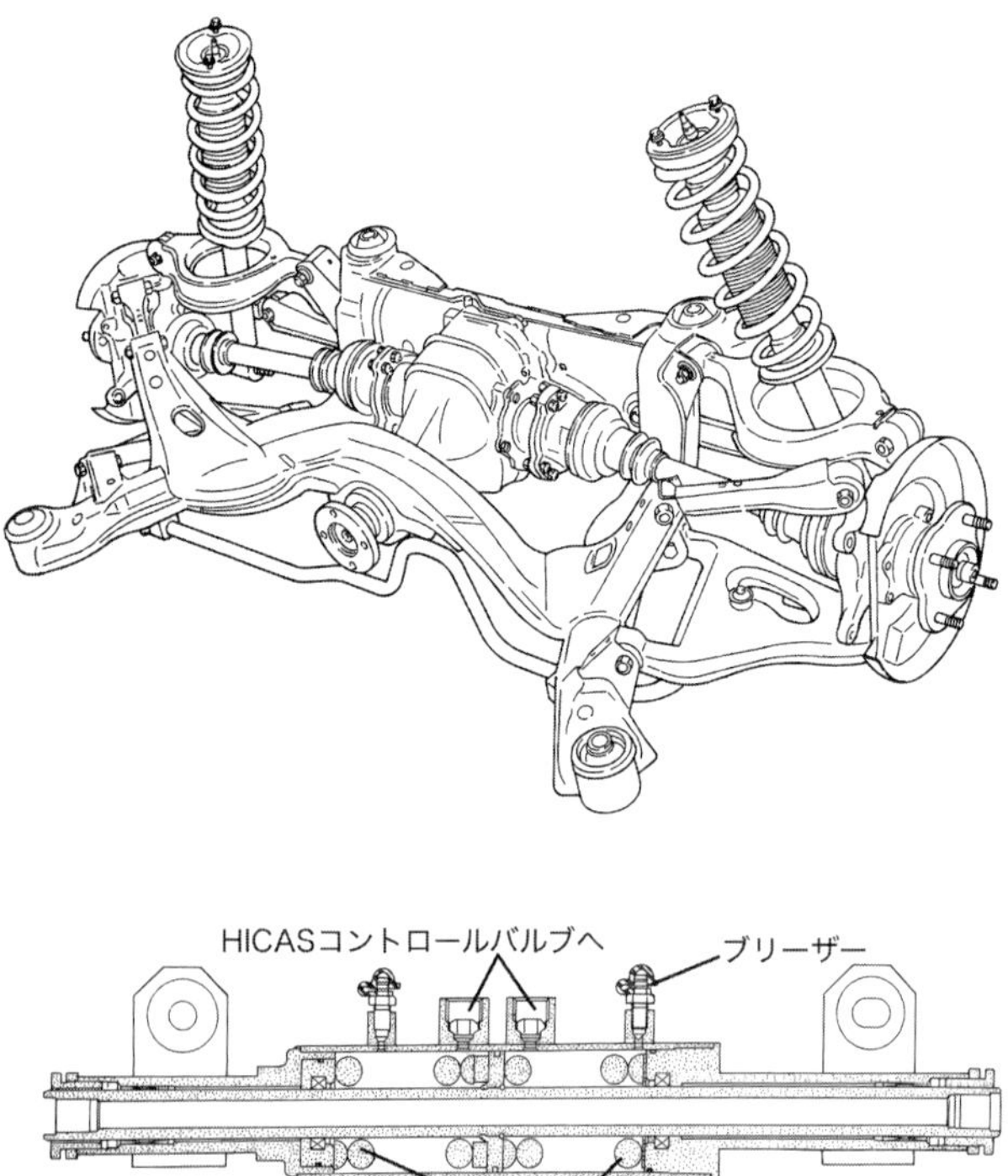

図5　5代目日産シルビア　リヤサスとHICASⅡパワーシリンダー　発表時広報資料

エンジン設計者　自動車評論家は福野さんも含めてみんな褒めてましたが、普通に走ってるとアンダーステアが強かったです。切り込んでいくと途中で舵が効かなくなる。土屋さんはそこを華麗にドリフトで行くんだろうけど、我々素人はアンダーと格闘するしかなくて辛かった。ＨＩＣＡＳはオプション（８万円）だったのでつけてませんでしたが。

シャシ設計者　このリヤサスでハンドリングの結果がオーライなら、きちんと開発してセッティングを出してたということですね。背面視でアッパー／ロワともにほぼ等長なので、ロールするとどんどんロールセンターが下がっていきます。当時の日産の主張通り、駆動輪サスではロールセンター

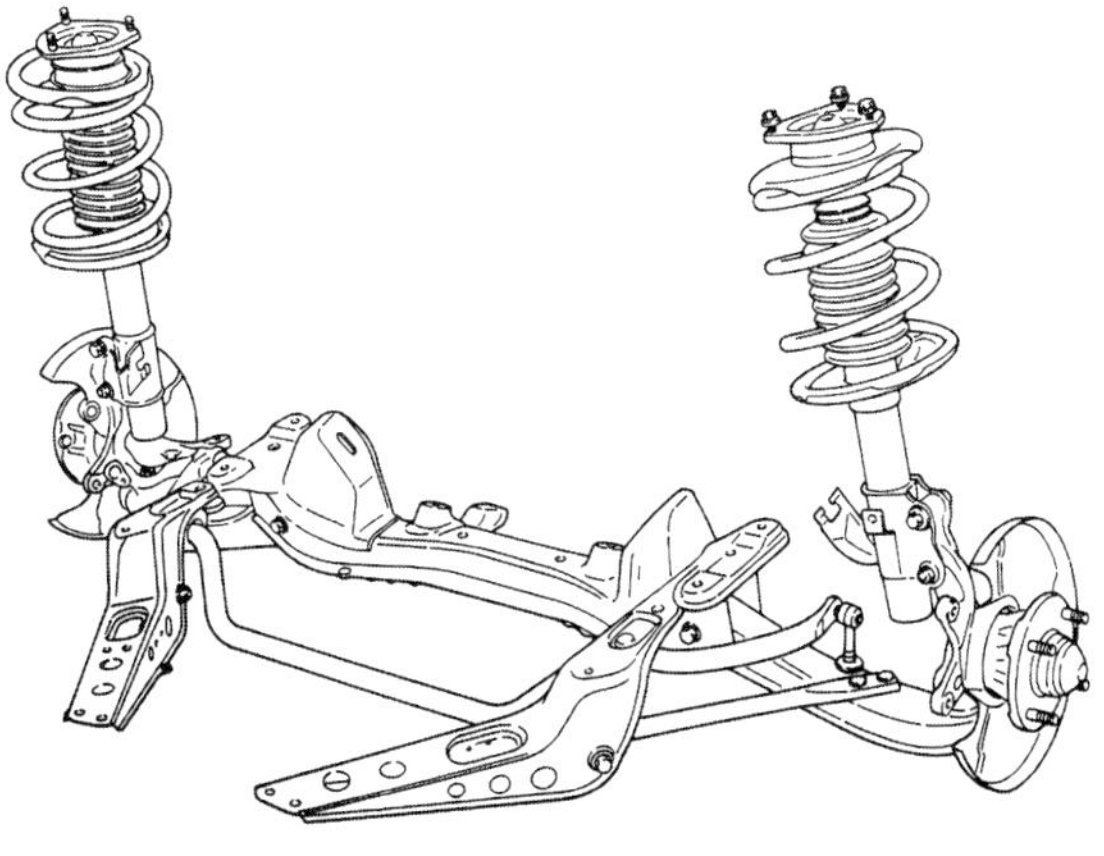

図6　シルビア／180SXが採用したFFサニー共用フロントサス

新型車解説書掲載の図版より。5代目シルビアS13型はリヤのマルチリンクばかりが当時話題になったが、フロントは凡庸なテンションロッド式ストラットで、ターボ（K's）を8年間愛用したエンジン設計者によるとコンポーネントはFFサニー用、多くの部品は部品番号もサニーと共通だったと言う。6°50'のハイキャスター、仮想キングピン傾斜13°45'のハイトレールで、安定性を主眼としたアライメントにセットしている。スタビのレバー比問題については本文参照。

はロールにつれて低くなっていく方がいいので、ここはなかなか知的な設計です。

自動車設計者　さっきも話題にでたけどMFRTのテスト車はHICASなし仕様ですね。

シャシ設計者　標準装備のRE88というのは姿カタチだけの「なんちゃってポテンザ」で、実際にはバランスの取れた乗用車用OEMタイヤでしたが、HICASを装着するとタイヤが同サイズ（195／60-15）のポテンザRE71になって乗り心地や音・振に背反が出ますからね。現代の後輪操舵機構はモーターでボールねじを回す電動式ですが、このときのHICASはコイルばねと油圧のバランスでストロークを決めるだけ。これで横力が加わったときぐにゃぐにゃしないのか、ちょっと疑問です。

フロントサス

エンジン設計者　シルビアの欠点はフロントサスでした。

自動車設計者　どこにでもあるようなテンションロッドタイプですね。

シャシ設計者　これ、ストラットとナックルの結合がFR式ではなくFF式だなあ。はて。

エンジン設計者　さすがです。実はこれ**フロントサスはそっくりFFサニーの流用**なんです。当時これを知ったときは大ショックでした。

自動車設計者　なんだ、そんなとこでケチってたのか。

エンジン設計者　初代セフィーロもフロントサスはＦＦサニーです。まあＦＦサニー用のサスパーツがいろいろ流用できたのは、それはそれでよかったんですが。

シャシ設計者　ロワアームの真ん中あたりからスタビを取り出してますね。するとレバー比で１／２、荷重比で１／２なのでばねレートの比では１／４になるから、ストラットから吊り下げる現在主流のタイプに比べたら、スタビに4倍のばねレートを与えておかないと同等には効かない。図のような細いスタビじゃアンチロールの効果はほとんどないでしょう。

自動車設計者　リヤサスもＡアームの真ん中あたりにスタビのピボットがありますね。

――　ところでドリフト世界ではフロントマスクをシルビアに変えた１８０ＳＸに乗ってる方がいまでもいるんですが、なんであえて１８０ＳＸなんでしょうね。１８０ＳＸはテールゲート式なのでボディ後半の剛性が低いから、リヤのグリップが低くて低次元スライドを励起しやすいのかな。

エンジン設計者　いやあれは１８０ＳＸ乗ってた名人がいたからそれにあやかって、というノスタルジー的人気の方が強いでしょう。

エンジン

――　当時86レビンからの乗り換えでターボのK'sを新車で買って8年間乗ったというエンジン設計者さんにエン

ジンについてうかがいます。

エンジン設計者　５代目Ｓ13シルビアは当初ＣＡ18ＤＥ系で立ち上がり、シルビア／１８０ＳＸともに１９９１年１月のマイナーチェンジでＳＲ20ＤＥ系に載せかえました。

シャシ設計者　後期型はエンジンが変わったんだ。

エンジン設計者　はい。シルビアは１９９３年10月にＳ14型へとフルチェンジしたので後期型からＳＲ20ＤＥ系、１８０ＳＸに関しては96年８月に二度目のビッグマイナーを行なって98年12月まで生産しましたから、ＳＲ搭載車は中期型以降ということになりますね。山海堂の「国産エンジンデータブック」という年鑑によると、ＣＡ系エンジンはＺ系エンジンの置き換えとして１９８１年６月にＦＦのバイオレット系車に搭載してデビューしてます。

自動車設計者　チェリーとパルサーに続いて出した日産の横置きＦＦ、Ｔ11型系というやつね。デビュー時の車名はバイオレットリベルタ／オースターＪＸ／スタンザＦＸ。

エンジン設計者　１９７８年デビューのＺ系エンジン（１９７７～97年／１・６～２・４ℓ）は、さらにその先代に当たるＬ型系４気筒に、林 義正さん考案のツインプラグ・クロスフローヘッドを載せて53年規制に対応したエンジンで、鋳鉄製ブロックはピッチもデッキハイトもスカート高もＬ型と同一寸法のままでした。

――　林先生は「ＥＧＲして燃焼温度10度下げるとＮＯｘは半分に減るが、エンジンが回らなくなるから当時はＥＧＲ率10％が限界だった。しかし燃焼速度を上げればＥＧＲ率をあげても安定して回転すると考え、２点同時点火にした」と説明してくださいました。例の大惨事（１９７４年3月17日、クレー射撃競技会の最中に隣接レーンの競技者の散弾銃が「暴発し」全身に39発を被弾、瀕死の重傷を負ってマスコミで大きく報道された事件）で長期入院されていたときに思いついたそうです。

エンジン設計者　なんせベースがL型ですからZ系エンジンの質量は１・８ℓＳＯＨＣのキャブ仕様で１５０kgもありました。で排ガス対策がストイキ＋三元触媒に収斂したのちに燃費対策のトレンドになった軽量化ムーブメントに乗って設計したのがＣＡ系です。鋳鉄ブロックにもかかわらず同じ１・８ℓＳＯＨＣのキャブ仕様で質量は一気に１１５kgへと軽減、デッキハイトはあまり変わっていませんが、それまでのディープスカート式を深い板金オイルパンとの組み合わせでショートにしたのも効いたでしょう。ただしショートスカートにするとクランクセンタから下に取り付けボスを設定できないんで、補機の搭載に苦労したはずです。

――　なるほど。設計者ならではの視点です。

エンジン設計者　横置き搭載を視野にエンジン全長を短縮するため、日産伝統のフルジャケット式からサイアミーズ式シリンダーに変更、多分これでボアピッチを96㎜から91・5㎜に短縮できたのでしょう。ＤＯＨＣヘッドを載せたＣＡ18ＤＥＴは、４代目Ｓ12シルビアのマイチェン（１９８６年2月）のときにＦＪ20Ｅ／ＥＴからの載せかえで登場してますが、質量は１４５kgで、ＦＪ20ＥＴより30kg軽くなった。

――　ＦＪ20系はそのときに生産終了ですね。６代目Ｒ30型スカイライン「ＲＳ」登場時（１９８１年10月）のデビューですから、４年４ヶ月の短命でした。

エンジン設計者　ＣＡ18ＤＥＴは7代目Ｒ31スカイラインで登場した直6のＲＢ20系や、3代目フェアレディＺ＝Ｚ31やセドリック／グロリアとシーマで使ったＶＧ20／30系Ｖ6エンジンと設計の共通点が多いＤＯＨＣ直打式ヘッドで、最大の特徴は油圧ラッシュアジャスタを装備していること。利害得失ありますが、それでもあえて採用した理由は製造上のメリットでしょう。

シャシ設計者　ＦＪ20は製造ラインのバルブクリアランス調整工程でインナーシム交換のためにいちいちカムシャフトを外すのが地獄で、ほとほと懲りたんでしょう（笑）。それでもうＦＪ20は早々に終了と。

――そもそもＦＪ20は1962年に登場したＨ型ＯＨＶとボアピッチが同じ（設備流用か）で、ヘッド断面も60年代後期のＳ20のほぼコピーという、登場時点でかなり古臭い設計だったというお話でしたね

図7　CA18DETエンジン　1988年5月17日5代目日産シルビア発表時広報写真

（「福野礼一郎のクルマ論評5」のR30型スカイラインの項参照）。

エンジン設計者　油圧ラッシュアジャスタも油路内を徹底洗浄しとかないと残留異物を噛んで作動不良になったりするので、最初は品質管理が大変だったろうと思いますけどね。CA系を出したあともFR用の廉価グレードや商用車の2ℓ超のSOHCキャブ仕様にはまだZ系エンジンが残っていたので、当時の日産には結局CA系のコンパクトネスを生かしきったFRプラットホームは存在しなかった。

シャシ設計者　それでシルビア／180SXにもKA24やSR20が積め

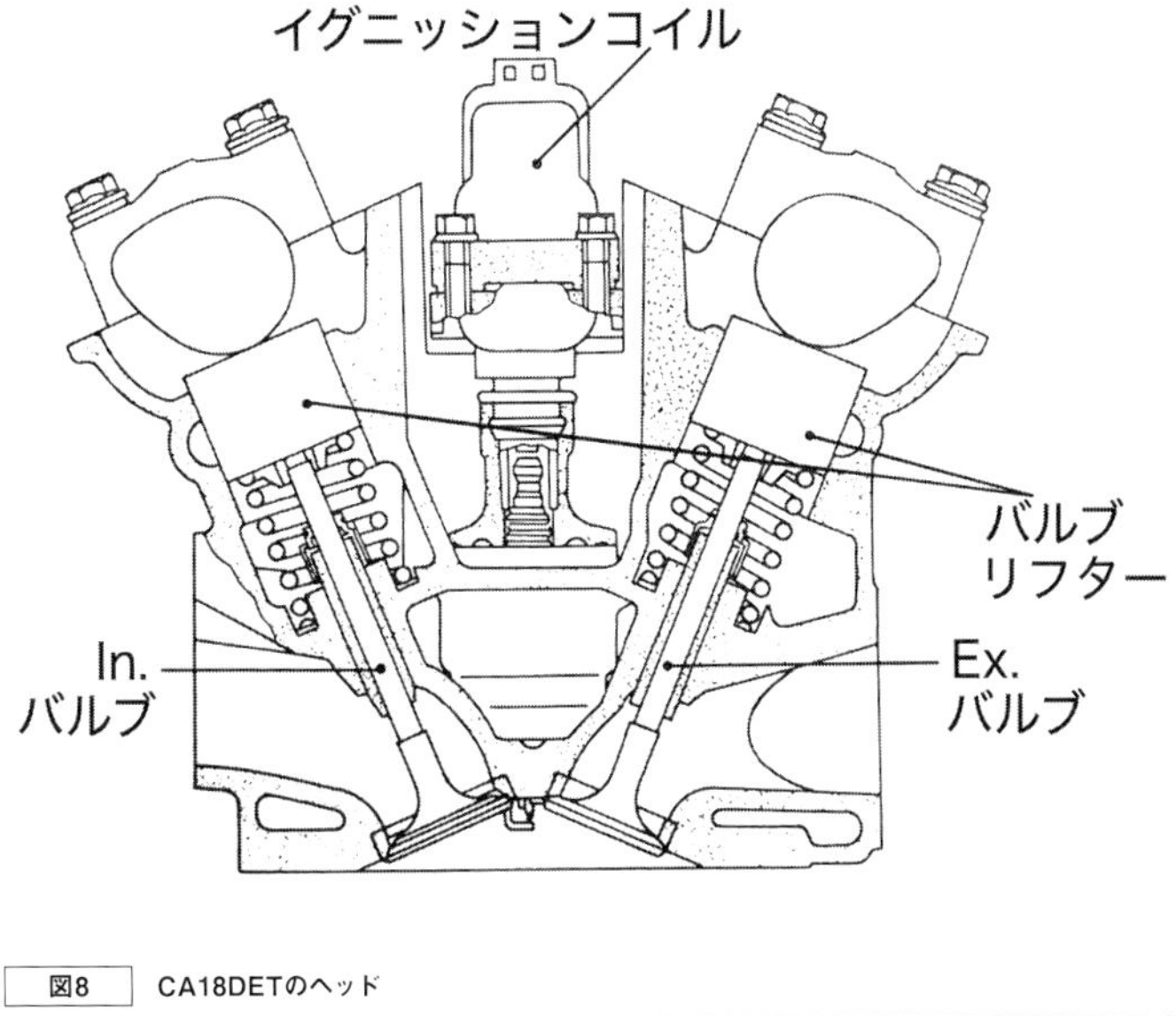

図8　CA18DETのヘッド

最大の特徴は油圧式ラッシュアジャスター。バルブクリアランスというのは通常エンジン冷間時に調整するが、バルブとヘッドの線膨張係数の差によって運転中は常に変動するため、通常カムプロフィールの開き始めと閉じ終わりに「ランプ」という一定斜面の助走部位を設けておく。しかし油圧式ラッシュアジャスターならそれが不要だ。ただし油圧アジャスターにすると動弁系の剛性が落ち、直打式ではリフターが重くなるので、その弊害も出る。「FJ20と異なり排気ポートの上にウォータジャケットがないので、ラッシュアジャスタ固着に繋がるリフター焼け対策の設計配慮にはきっと苦労したことでしょう（エンジン設計者）」

たんだ。

エンジン設計者　そういうことです。ＫＡ24のボアピッチはＺ系と同じだったし、ＳＲ20は鋳鉄ライナー鋳込みアルミブロックでボアピッチ97㎜もあってエンジンが長い。しかもＳＲ20ＤＥＴの質量はなんと166㎏（笑）。ＲＢ20系、ＶＧ20／30系、ＣＡ16／18系でＤＯＨＣヘッドの「ほぼ共通設計化」を推進した日産ですが、その後はどういうわけかエンジンごとに独自な設計をするようになりました。理由や背景は知るよしもありませんが、当時から「ちょっとやり過ぎ」と感じていました。

自動車設計者　設計者は優秀な方が集まっていたと思いますが、派閥もあって経営陣が1本にまとまらず、常に右往左往していたという印象の会社でした。鳴り物入りで出したエンジンをたった4年4ヶ月で引っ込めるなんてその証拠です。

――己を「騒音の権威」だと信じて疑わない上司と、その番頭の陰湿な妨害を跳ねのけてベアリングビームを実用化、19

図9　180SX（RS13型＝前期型1989〜91年　HICASⅡ装備車はKRS31型）

2代目S10（75年〜）、3代目S110（79年〜）、4代目S12（84年〜）はいずれも「200SX」という車名で北米で販売、5代目シルビアをハッチバック化したボディに直4のKA24系（KA24E／KA24DE）を積んだ4代目SX（89年〜）は「240SX」と命名。この車種の国内版が180SXだ。1991年1月と96年8月の2回マイナーチェンジを行ない、シルビアが6代目S14型になった以降も98年12月まで生産した（中期型でSR20系搭載後も車名は180で変わらず／後継車なし）。ファン層はフロント部分をシルビアに換装（「顔面スワップ」）した改造車を「シルエイティ」、シルビアにこのマスクをつけた改造車を「ワンビア」と呼ぶが、北米仕様にはノッチバックの240SX（つまりワンビア）が実在した。

85年にその功績で栄えある科学技術長官賞を受賞した林 義正先生は、ご趣味のビッグボアライフル・ハンティングを例に「日産時代は、権力と番頭と提灯持ちの重力、アホとバカと偽善者の横風に勘案しつつねらいを定め、目標に一発必中させる戦いの連続だった」とゴルゴ13的回想をなさってました。さすが先生。

エンジン設計者　当時のMFRTでの計測ではCA18DET搭載のシルビアK'sの駆動輪出力は76・2％です。広報チューンによるプラスとトルコンの駆動ロスによるマイナスを考えればこんなものかなと思います。

シャシ設計者　当時のロックアップクラッチはモード域の燃費稼ぎにしか使えませんでしたからね。

エンジン設計者　変速機がATなら駆動輪出力はnetカタログ値のざっと70％、MTで80％くらいというのが相場ですから、広報チューンによる上乗せは5％くらいでしょうか。「土屋さんR33GT‐R事件」の勃発前だし（ウィキペディア「広報チューン」参照）。

日産シルビア K's（1988年5月17日発表・発売）

全長×全幅×全高4470×1690×1290mm

ホイルベース2475mm　　トレッド1465mm／1460mm

カタログ車重：1140kg

MFRT実測重量：1218.5kg（前軸654kg=53.7%／後軸564.5kg=46.3%）

前面投影面積1.87m^2（写真測定値）　燃料タンク容量60ℓ

最小回転半径4.7m（MFRT実測実用最小外側旋回半径5.27m）

MFRT時装着タイヤ：ブリヂストン ポテンザRE88 195／60R15(空気圧前後2.0kg／cm^2)

駆動輪出力133.3PS／6000rpm(net公称値175PSの76.2%:1985年4月からnet表記)

4ATギヤ比①3.1027 ②1.619 ③1.000 ④0.694

最終減速比4.363

エンジン1000rpmあたり速度①8.4km／h ②15.8km／h ③25.6km／h ④36.9km／h

MFRTによる実測性能　5MT車：0 - 100km／h 7.16秒　0 - 400m 15.23秒

最高速度：計測せず

発表当時の販売価格（1988年5月発売時）

K's（CA18DET型 4速AT）244.4万円

K's（CA18DET型 5速MT）214.0万円

オプション：HICASII 8万円　ABS 15万円

発表日 1988年5月17日

販売販売累計　シルビア：30万2329台（5年4ヶ月平均4700台／月）

180SX：11万3109台（9年9ヶ月平均960台／月）

モーターファン・ロードテスト（MFRT）

試験実施日1988年9月30～10月6日（89年1月号掲載）

場所：日本自動車研究所（JARI）

モーターファン ロードテスト

現在の視点 3

8代目日産スカイライン R32型

モーターファン ロードテスト再録
8代目日産スカイライン R32型
□https://mf-topper.jp/articles/10002576

座談収録日　$$$$ 年 $ 月 $ 日

出 席 者　自動車設計者 …… 国内自動車メーカー A 社 OB 元車両開発責任者
シャシ設計者 …… 国内自動車メーカー B 社 OB 元車両開発部署所属
エンジン設計者 … 国内自動車メーカー C 社勤務エンジン設計部署所属

これまでの本連載シリーズにおけるＳ20型とＦＪ20型についての話題

――　いまでもファンが多いＲ32がテーマですので、この機会に過去日産車に関する最も印象的な話題を再録したいと思います。Ｃ10とＣ１１０型のＧＴ‐Ｒに搭載した「Ｓ20型」、そしてＲ30型が積んでいた「ＦＪ20型」エンジンに関する件です。

シャシ設計者　ありましたね。

――　Ｓ20型の始祖は、ご存知の通りプリンス自動車が開発して１９６６年の日本グランプリで優勝した当時のプロトタイプクラス・レーシングマシン「Ｒ３８０」に搭載していた2ℓ直６ＤＯＨＣ４弁のレーシングエンジンＧＲ８型ですが、そもそもＲ３８０というのは、プリンス自動車の田中次郎さんらが１９６４年６月にヨーロッパ視察に行った際に購入・輸入した2座オープン・グループ6カーのブラバムＢＴ８Ａ（シャシ番号SC‐９‐64）、このシャシをそのまま1号車（Ｒ３８０‐１）に流用して製作したマシンでした。海外の研究サイトではＲ３８０のことを「ブラバムＢＴ８のリ・ボディ車」と分類している方もいるくらいです。ということになるとエンジンはどうなのか。エンジン設計者さんは、日産が購入した当時にブラバムが搭載していたのはおそらく2ℓ直４・2弁ＤＯＨＣのコベントリークライマックスＦＰＦだろうと推察し、その設計を2ℓ直６・４弁ＤＯＨＣのＧＲ８型と比較してみたところ、カム駆動ギヤの特徴的な配列の設計が似ていること、吸排気カム室をヘッドと左右別体の2階建てにしていること（バルブ挟角と直角にマウントし左右カムカバー別体）、メインベアリングキャップが下からだけでなく横からもボルトで締結するサイドボルト式であること、エンジン前方にウォーターオンプを配置し前方から冷却水を入れ排気側の側面に抜いていること、ドライサンプのオイルパンに懸架したスカベンジポンプをワイドスパンの脚で支えた設計など、基本設計の要所の特徴がFPFに酷似していることに気がつきました。これまで50年以上の間、誰も着目してこなかった指摘です。GR8型は上記の点も含め、その先代GR7型とほとんど共通点がない完全な新設計だったにもかかわらず、第2回日本グランプリ直後の64年初夏に開発を始め、およそ9ヶ月後の65年4月には早くも初号機が完成しています。非常なスピード開発でした。またのちの1968年日本グランプリでは、当時開発中だった5ℓV12のGRXエンジンの開発が間に合わないとみるや、急遽ムーンチューンのシボレー5・5ℓエンジンを購入して搭載、強引に優勝をもぎ取っています。「勝つために手段は問わない」という空気が開発陣の内部に強くあったことがうかがわれるエピソードです。これらの事実から考えて「基本設計でFPFを大いに参考にした」というのは十分ありうることだなと思いました。

エンジン設計者　ただプリンスが購入したブラバムBT8AにFPFが搭載されていたという証拠は、残念ながらいくら探しても見つかりませんでした。なのでこれはあくまで「FPFを積んでいた」という仮定に基づいた分析です。またR380のGR8とのちのGT-R用S20とでは、量産ラインでの生産に対応したヘッドの設計、それとカムドライブ機構（S20はチェーン駆動）もまったく違いますから、S20についてはFPFとはかなり離れてきています。

――あとは1983年登場の6代目スカイラインR30型がRSに採用した2ℓ4気筒4弁の「FJ20型」の件です。当時の市販車用4弁エンジンは、60年代のS20型も1978年にBMWがM1に搭載したM88型も、いずれもレーシングエンジンが母体でしたが、FJ20型は量産を前提として設計した4弁ユニットの嚆矢でした。ボア×ストローク値＝89mm×80mmという数値が、BMWが1966年のF2用M10型から始め市販6気筒M30型にも使った値だったので、FJ20には当時から「BMWぱくり疑惑」があったのですが、こちらに関してはエンジン設計者さんが見たところBMWとは「まったく別物」だということです。

エンジン設計者　そもそも1気筒500ccならボアスト値のマジックナンバーは86×86、87×84、89×80、ショートストロークの限界の92×75とおおむねこの4

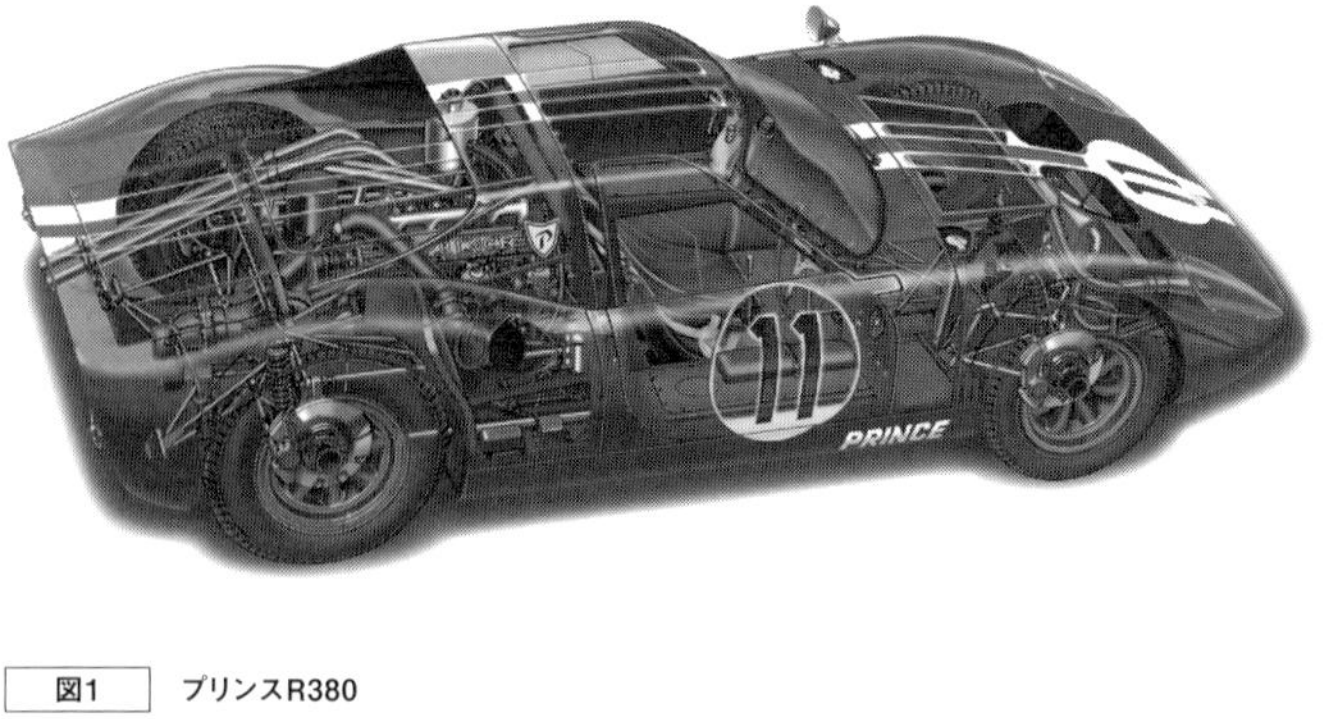

図1　プリンスR380

1965年5月に開催予定だった第3回日本グランプリに向け1年余で開発。車両規格はFIAグループ6に準拠していたが、レースにはプロトタイプクラスで出走した。1号車（R380-I）はブラバムBT8Aのシャシ、サス、変速機などを改良して使用し、GT-RのS20型エンジンの母体となったGR8型2ℓ直6レーシングエンジンをミドに縦置き搭載した。65年の日本GPが東京オリンピック後不況などの影響で中止されたため、同10月に日本自動車研究所の周回路でFIAの速度記録に挑み、トラブルに見舞われながらも6つの国内記録を樹立している。イラストは翌66年に開催された第3回日本グランプリで優勝した改良型のR380A-I。フレーム／サスは改良されて自社製になった。日産合併後は日産R380と名を変え、69年シーズンのA-III改まで進化した。

種類しかないんですから、それが同じだから「パクリだ」といわれても（笑）

――FJ20のボアピッチは1962年に登場して70年代にかけて日産車の主力エンジンだった4気筒H型OHVと同値、カム穴を使ってカムチェーンを2段減速しているのもOHVの名残りです。ただしデッキハイトやボア×ストローク値はH20型とは異なるのですが。FJ20型のバルブ挟

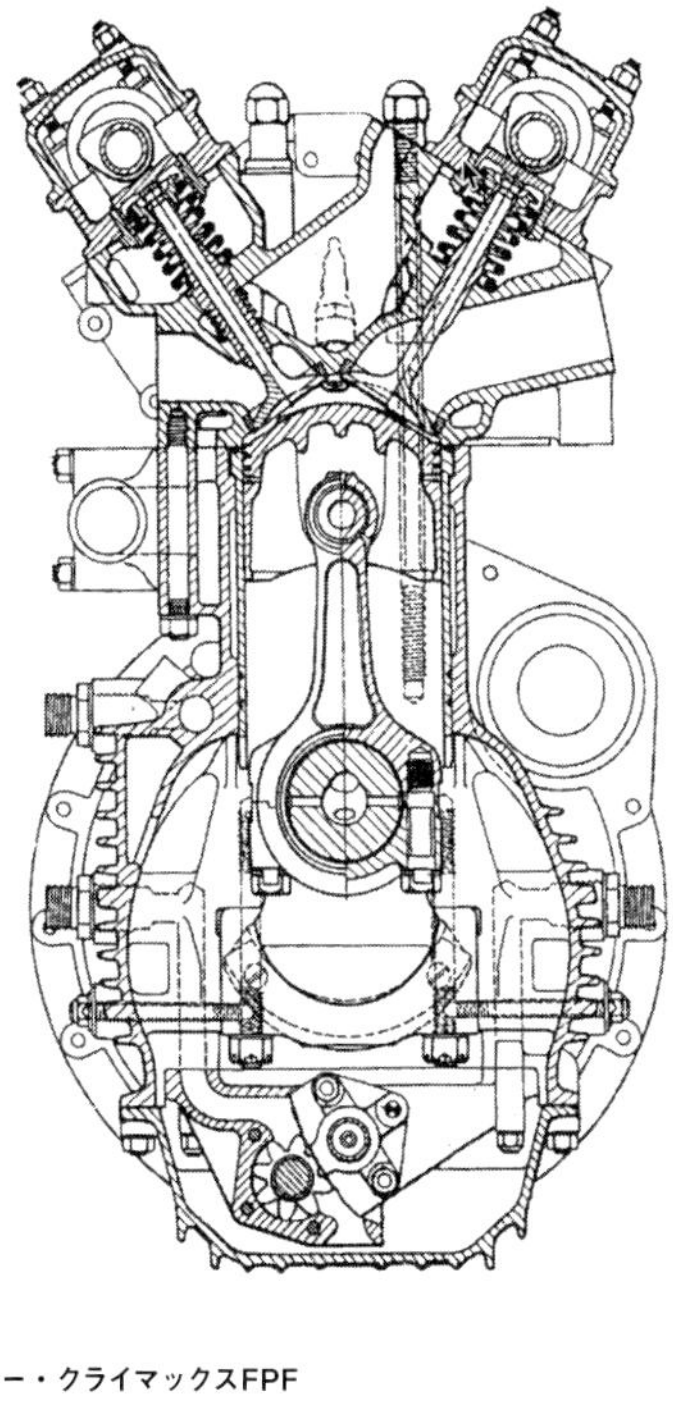

図2　コベントリー・クライマックスFPF

1957年に設計された直4DOHCギヤ駆動2弁レーシングエンジン。排気量はF1用の81.3mmx71.1mm＝1475ccからインディ500用の96mmx95mm＝2751ccまで7種類存在した。本稿エンジン設計者によれば、ヘッドとカム室を別体とした構造、カムギヤの駆動レイアウト、サイドボルト併用式メインベアリングキャップ、オイルパン内のオイルポンプ架の幅広支持構造など、GR8の基本設計のポイント部分に大きな影響を与えたことが見て取れるという。ただし市販型のS20型はヘッドの設計を大きく変えた。（図版：2nd Naturally-Aspirated Era（2NA）：1952-1982：31Years）

角は吸排気30°づつの60°。当時の設計者は例によって「バルブ径を拡大するため」と言ってましたが、エンジン設計者さんによるとS20型がヘッドの設計をGR8から大きく変更した理由と同様、このバルブ挟角設定の主なねらいは生産性の確保だということです。当時のOHV発展型DOHCエンジンは、旧来の生産設備を流用しなければならない都合で、サブアッシーでヘッドにバルブを入れカムを載せカムホルダーを締結しバルブクリアランスを測定・調整してから、メインラインに持っていってブロックに搭載しヘッドボルトを締めるという工程にせざるを得なかったので、ヘッドボルトを締めてからでないとカムを搭載できないヘッドボルトとカムの位置関係では、量産ラインに流すことができなかった。

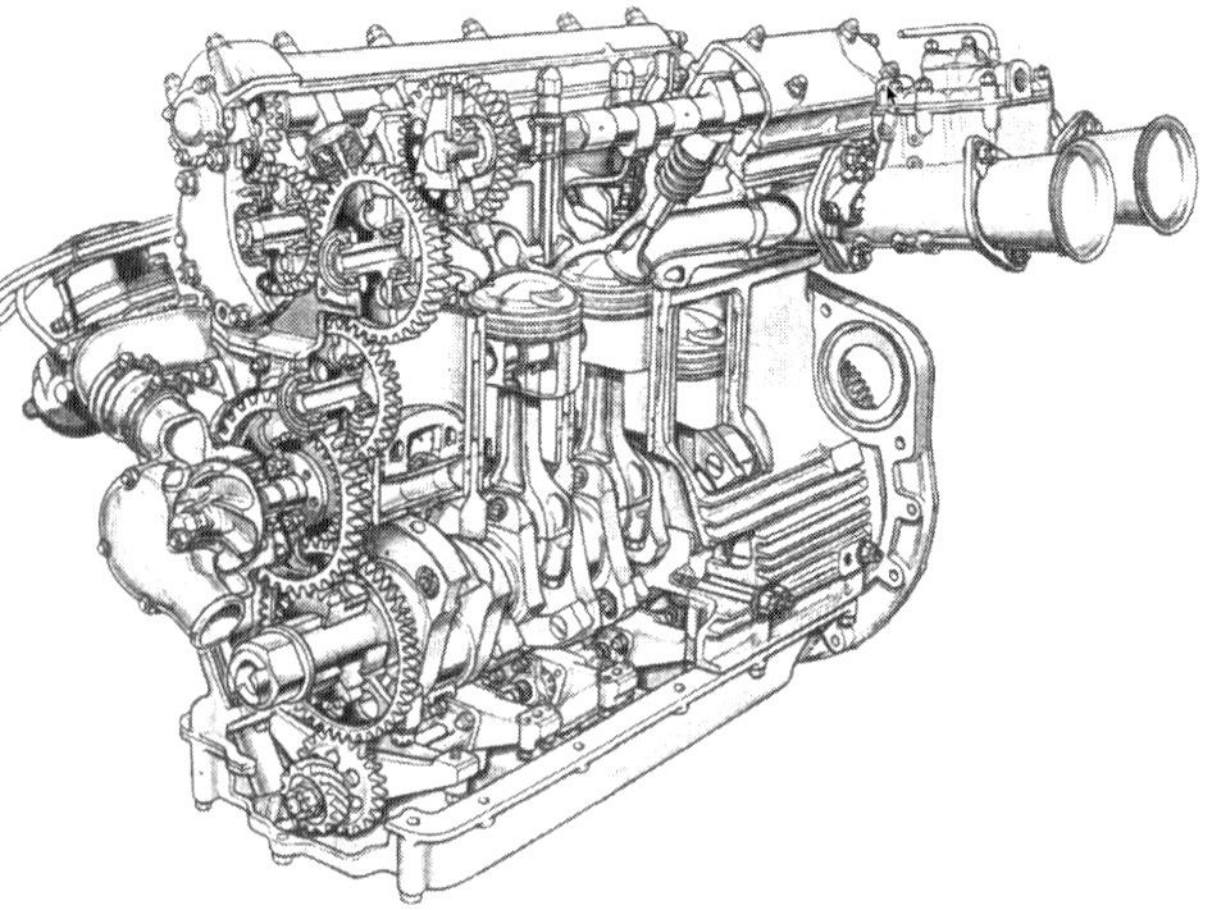

図3　**コベントリー・クライマックスFPFとプリンスGR8**

エンジン外観からでも、一見してヘッド周りのレイアウト、エンジン前方に配置したウォーターポンプと冷却水配管の取り回しなどに共通点がある。GR8＝S20のサイドボルトは内蔵のオイルポンプとの兼ね合いでNo.3〜No.7ジャーナルにしかない。ただしプリンスが購入したブラバムBT8AにFPFが搭載されていたという証拠はいまのところ見つかっていない。（FPFの図版：2nd Naturally-Aspirated Era (2NA)：1952-1982：31Years）

それがバルブ挟角を60度前後に設定せざるを得なかった主要な理由、ということでした。のちのDOHCはブロックの加工設備を改変してカムキャップを各気筒のボアセンターに持ってくる設計に変更したため、バルブ挟角の設定の自由度が増したということです。

自動車設計者　「バルブ挟角は燃焼室の設計ではなく、生産都合でもっぱら決めていた」とは、まったく旧車の夢をぶち壊すような真相でしたね。

エンジン設計者　FJ20のヘッド断面がS20とそっくりだという分析もしました。排気ポートの上にあるバルブスプリングとシート部に排気熱でコーキング＝金属表面の温度が350℃以上になるとエンジンオイルが燃焼して金属表面に付着する現象が生じるのを防止するため、排気ポートの上に冷却水路を設けているが、この設計がFJ20はS20と瓜ふたつで

図4　FJ20型のヘッド上面

DOHCヘッドのバルブ挟角は旧来「バルブ径」と「ポート形状」との関連で決定されると喧伝されてきたが、本稿講師によれば実際には生産都合による事情が圧倒的に大きいという。Ⓐはヘッドボルト、Ⓑはカムキャップボルト。バルブ挟角を大きく取れば写真のように双方が干渉しないから、サブラインでヘッドを組み、バルブクリアランスを測定・調整してからメインラインに持って行ってシリンダブロックに乗せヘッドボルトを締めるという工程で生産できる。「90年代くらいまでのDOHCエンジンのバルブ挟角が広いのは主に生産性都合です（エンジン設計者）」。

す。S20のコピペと言ってもいいくらい。排気ポートの真上に冷却水路を開けるには、製造の際に金型の中に入れるシェル中子を2分割にし、さらに合わせ面をパテ埋めして隙間を完全になくしてから鋳造しないとだめですが（冷却水路内に湯バリが出て冷却水の流れを阻害するから）、こんな設計したら普通なら生産サイドに拒絶されますよ。

――GR8のFPFパクり疑惑、FJ20はOHVの旧生産設備とS20ヘッドのハイブリッド設計だったなど、プロならではの衝撃的な分析でした。このお話を聞いたとき「むかしのことであってもやっぱプロに聞いてみないとだめだな」とつくづく思ったもんです。

伊藤元主管の著書による8代目スカイラインR32開発の経緯

――8代目スカイラインR32は1989年5月22日に発

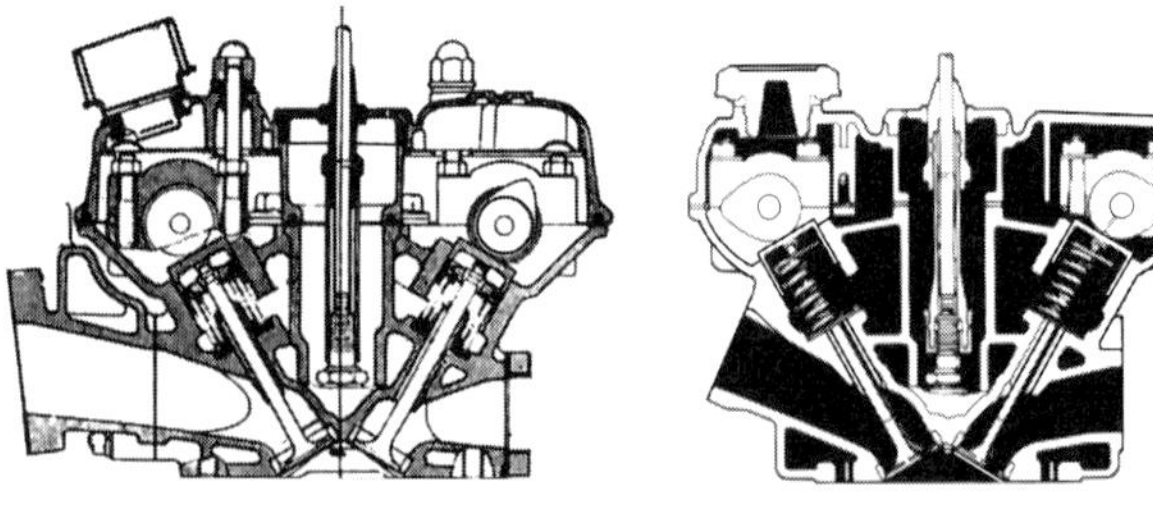

図5　**S20型とFJ20型のヘッド比較**

左は1969年のGT-R用6気筒2ℓ4弁S20型、右がその12年後の1989年10月発売のスカイラインR30型が搭載した4気筒2ℓ4弁のFJ20型。図のサイズはボア径でおおむね合わせた。FJ20のヘッドはバルブ挟角（60度）だけでなく、ポート形状や冷却水路などもS20に酷似しており、エンジン設計者によれば「設計的にはコピーといってもいい」ということだ。バルブ径はS20が81mmボアで吸気32mm／排気29.5mm、FJ20が89mmボアで吸気34.5mm／排気30mm。「吸排気バルブの面積比は音速比に合わせる」という現代の設計常識からすると、いずれも排気バルブ径が大きすぎる。バルブ開度はS20型が吸排気250°／オーバーラップ50°、FJ20型は吸排気256°／オーバーラップ40°（ターボ34°）。「どうしてこんな値で当時の排ガス規制を通ったのか、そこがFJ20の最大の謎（エンジン設計者）」。

表・発売、いまではR32といえばGT‐Rのことをまず思い出しますが、2・6ℓツインターボエンジン／スタンバイ式4WD／スーパーHICASを搭載したGT‐Rは、少し遅れて89年8月21日の発売でした。R32のチーフエンジニア（当時の日産社内呼称では「開発主管」）は富士精密工業時代のプリンス自動車に就職しシャシ設計課のサスペンショングループに配属、櫻井眞一郎さんの下でS54B以降の歴代スカイラインの開発に参加してきた伊藤修令さん。伊藤さんがご自身で著述された「走りの追求　R32スカイラインGT‐Rの開発（グランプリ出版）」には、C10からR31まで21年間スカイラインで使われた前後サスペンション（前ストラット／後セミトレーリングアーム）は伊藤さんがC10用に設計したものが原型だったと書いてあります。1984年12月、7代目R31型スカイラインの開発中に櫻井眞一郎さんが病気で倒れ、C32ローレルとF31レパードの担当だった伊藤さんが急遽スカイラインの開発責任者を引き継ぎます。当時はX60型マークⅡ3兄弟（4代目マークⅡ／2代目チェイサー／初代クレスタ）が「ハイソカー」などと呼ばれて年間20万台以上を売りまくっていた時期で、日産はローレル／スカイラインの高級車路線をさらに押し進めてマークⅡ3兄弟に対抗する戦術をとったのですが、R31を発売してみると、自動車評論家から「マークⅡみたいでスカイラインらしくない」「豪華装備などいらない」「クルマが大きくて重い」「RB20DETTが思ったほどパワフルではない」などと酷評を浴びたということでした。当時実は私もカー・オブ・ザ・なんちゃらの審査員などやっていい気になっていましたから、栃木工場で行なわれたカーオブ審査員専用試乗会で7thスカイラインに試乗させていただいて、試乗後の全員ミーティングで「カセットオートチェンジャー」や「カード式エントリー」「コーヒーブレイクタイマー」などのギミック装備の陳腐さを酷評した記憶があります。そのときの伊藤さんの「それをここでいわんでくれ」という困ったようなお顔が、いまでも脳裏に焼き付いています。

エンジン設計者　（笑）

――　評論家にボロクソに言われたことで発奮した、と伊藤さんは書いておられますが、自動車メーカーのチーフエンジニアが評論家なんかの評価を当時そこまで真摯に受け止めておられたというのは、読んでいて逆にちょっと驚きでした。それで伊藤さんは急遽ＲＢ20型エンジンの性能向上を設計部門に依頼するとともにＲ31の2ドアモデルの開発に着手、これを86年5月にＧＴＳとして投入します。またグループＡのホモロゲーション取得用に最高性能版ＧＴＳ‐Ｒも開発し８００台を限定生産、87年のインターＴＥＣレース参戦するなどリベンジを試みます。そういうムードの中でＲ32の開発をスタートしたということでした。記述によりますと「コンパクトで（豪華装備を排した）シンプル」「欧州の高性能車に負けない走り」「かっこいいスタイリング」「独自性と先進性があり志が高い」「若い世代の評価を得る」などを目標に掲げたそうです。伊藤さんの記述で面白かったのは、いいデザインも悪いデザインも値段（開発費用）は変わらないが、商品性の7～8割はデザインで決まる、と書かれていることでした。まったくその通りですね。

エンジン設計者　私もその本は読みましたが（もともとエンジン設計者さんが教えてくれた）当時走りでは世界トップクラスと言われていたクルマ、ゴルフＧＴＩ、プジョー２０５ＧＴ16、クワトロ・スポーツ、１９０Ｅ2・3‐16、ＢＭＷ Ｍ3、ポルシェ９４４ターボ、ポルシェ９５９などに片っ端から試乗してみたところ、９５

9は雨の日にテストコースで300㎞／h出してみたが「とても一般路で意のままに操れる代物とは思えず」、スポーツ・クワトロの爆発的な加速と荒々しい走りは「R32の目指す走りとは異なり」、190E2・3‐16は「意のままに操る楽しさという点では不満」で、BMW M3は「キビキビとした走りではあるが上級車としての重みでいまいち」。結局「運転する楽しさと奥深さがある大人のスポーツカー」であると感じたのは944ターボで、これをFR2ℓGTS‐t・タイプRの走りの目標に選んだということです。またGT‐Rは「944ターボの延長線上に目標を置いた」と書いてありました（カッコ内は同書からの引用）。

――それらの試乗車は当時日産の研究所と実験部が所有してたクルマですね。白いポルシェ959は並行物をものすごい値段で買ったがすぐに壊れ、メーカー保証を切って転売・輸出した車両だったためパーツが出ず、不動のままずっと放置してあるという噂話を聞きました。

シャシ設計者　GT‐Rのスタンバイ式4WDは「ポルシェ959のアイディアをいただいた」という認識でしたが、走りについてはベンチマークは959ではなく944ターボだったんですね。

――この伊藤さんのそのインプレはまさに当時の印象をそのまま素直に体現してると思います。私の当時の印象でも、190E2・3‐16は快適で素晴らしい乗用車だったけど直線番長の機動性音痴、M3は雑誌ではべた絶賛されてましたが、軽量でひらりひらりとは舞うけどボディの剛性感が低くて走り味がとにかく安手、959は車重が重くて加速が悪くアシがソフトでケツが重くステアリングが甘く、260㎞／h以上では真っ直ぐ走りませんでした。「こんなハイテクカーならローテクのF40かRufの方がマシだ」と思いました。930

ターボも乗り味ではナロートレッドの930カレラやSC、カレラ3・2に大きく劣ってました。944ターボをベンチマークにしたというのは当時としては本当に正解でしょう。「見る目」がない人に結局いいクルマは作れませんからね。944ターボ以外で当時乗って「これは」と思ったのはE28のアルピナB10セダンだけです。ただし同じアルピナでもE24（6シリーズ）はボディがゆるくてまったくいい印象がなかった。

エンジン設計者　GT-Rは当初2WDで作るつもりだったそうですが、「レースに出て勝つことがGT-Rの使命」だと考えていたので、「レースで勝つには500PSは必要だから4WDでないと勝てない」とニスモにいわれ、ちょうど研究所で開発してたスタンバイ4WDを採用したということでした。ポルシェが959の開発で前輪への駆動力を伝達する電制トランスファの多版クラッチの耐久性で苦労しているという情報があったので、当初ビスカスカップリンク（VC）を併用する予定だったが、クラッチに耐久性には問題ないことがわかったのでVCなしにしたということです。

――　959は前後タイヤの外径が違うので前後アクスルに回転差がありますよね。回転差のあるところにクラッチを繋げば当然スリップすると思いますが、GT-Rは前後タイヤが同じ外径でデフの減速比も同じだから、前後で回転差はないはずです。クラッチはただ接続してトルクを伝えるだけなのでスリップはしないと思うんですが、どうでしょう。959があえて前後に回転差を設けたのは前輪への駆動力を配分する際のレスポンスを重視したからだと、どっかに書いてあった記憶がありますけど。

シャシ設計者　前後タイヤ同径で減速比も同じならその通りですが、小径の多版クラッチですから長距離の耐久性ということになると当初は不安だったんでしょう。ちなみに低速で旋回しているときは前後輪の内輪差でフロントが速く回るので、フロントがマイナストルク（制動）になり、リヤがそのぶんプラストルクになります。まあ959もGT-Rも低速ではクラッチは接続しませんが。

――R31については評論家の諸先輩方の尻馬に乗って酷評した私ですが、R32には乗った瞬間に「これだ」と思いました。特にGT-R。栃木の周回路を走って最高速度を出したあと、そのままスキッドパッドに突っ込んで定常円旋回したときに「世界一」という言葉がボンっと浮かびました。「すごい！ ついに日本車が世界一になった！」とマジで感動しました。スカイラインとしてどうだとかGT-Rの復活としてどうかとか、そういう狭い視点での話ではなく、日本が作ったスポーツカーとしてですね。パワーと操縦性の両面で944ターボを大きく超えていました。

自動車設計者　私は当時、何台もの車両のサスペンションとシャシの設計を掛け持ちで設計担当していてものすごく忙しかったので、このスカイラインについては星野一義さんのブルーのカルソニック スカイラインの圧倒的な速さくらいしか印象にないです（1990年の全日本ツーリングカー選手権第1戦にデビューして全車を周回遅れにして優勝、93年までに27勝を達成）。

エンジン設計者　私は当時5代目シルビアS13型に乗ってましたが、GT-Rに試乗できる機会なんてなかったし、当時はYouTubeもなかったから、市販版のGT-Rが走る姿なんて「ベストモータリング」のビデオでしか見たことがありませんでした。レーサーの方がみなさんサーキットを走りながら口々に「アンダーが強い」「アンダーが出る」と連呼するのを聞いてたんで、R32のGT‐Rといえば「アンダーが強い」、その印象しかないです。

――GT‐Rには、前輪の操舵と同時に後輪をまず逆相に切ってヨーを励起してから、すぐ同相に切りかえしてリヤをグリップさせるという位相反転性制御式スーパーHICASがついたんで、ターンインでのプッシュアンダーは弱かったですよ。ただリヤが滑るとフロントに駆動力を回すので、そこで当然アンダーがでますが。

エンジン設計者　1989年11月号の「モーターファン」のこもだきよしさんのインプレでは、車体姿勢はオーバーステアだが、走行の軌跡はアンダーステアになると書いてますね。

――そうですそうです。まさにそれがR32GT‐Rの走り。

シャシ設計者　FR状態で走ってるのに途中から勝手にフロントにトルクを流すから、そのタイムラグがきっと気持ち悪いんですよ。だからプロのドライバーに評判が悪かったのでは??

――うーん、でもあれはμの低い公道で我々アマチュアが乗ると神でしたよ。一般的にはFRを運転してて公道でリヤが大きく流れたら素人にはもう終わりですよね。リヤが滑れば誰だって反射的にカウンターステアを当てますが、カウンターの戻しは訓練しないと当てられない。だからカウンターを切ったままフリーズしちゃって、速度が少し落ちてリヤのグリップが復活した瞬間にカウンターを切った方向にクルマが突進、アウトの壁に真正面から突き刺さるというのが通例です。でもGT‐Rはカウンターステアを当ててる段階でフロントに駆動力が回って前輪から牽引エイドしてくれるんで、信じられないくらいのドリフトアングルからあっけなく立ち上がれる。魔法みたいでしたよ。

自動車設計者　そんなエイドがついてなくても初めから自由自在にFR車をコントロールできる人にとっては、エイドが逆に邪魔になるということかな。というかそもそも市販車をサーキットに持っていって評価すること自体が根本的におかしいんですが。

エンジン設計者　それはその通りです。ただ当時はほかにクルマが走ってる映像が見れなかったから。

――　私も市販車は公道で乗って評価すべきだとずっと思ってきましたし、いまでもそう思ってます。それにR32GT‐Rは国内27勝だけじゃなくて、スパ・フランコルシャンの24時間耐久とか海外のレースでも優勝してますから、レース仕様であれば操縦性に問題なんかまったくないことを遺憾なく立証してるわけだし。

シャシ設計者　福野さんはずいぶんGT‐Rを擁護しますね。

――　当時あの瞬間「世界一」だったことは間違いないので。

エンジン設計者　でもご自分ではフェアレディZ（Z32）を買っちゃったんですよね。2シーターのターボのマニュアルのTバールーフなしの生産1号車。

――　4ドア車は89年8月にヨーロッパの試乗会でレクサスLS400に乗って「これぞセダン世界一、絶対買う」と決めたので、スポーツカーはZにしました。日産の設計者には「かんべんしてよ、お願いだからGT‐R買ってよ」と言われましたが（当時の日産社内では『Zは日産車ではなく日車（日産車体）のクルマ』という認識だったから）。

自動車設計者　ちなみに4WDにしたR32GT‐Rの車重はどれくらいだったんですか？

――初期のR32GT‐Rで1430kgです。

自動車設計者　それはエアコンレス値？「誰も買わないエアコンレス仕様をあえて設定しておいて公称車重を50kg軽く装う」というのはスポーティカーの公称スペックの常套手段ですが。

――えーと、いえオーナーカーの車検証の記載値も同じ数値でしたから、1430kgはエアコンつきだと思います。車検証記載値では1430kgで前軸850kg、後軸580kgでした。

シャシ設計者　ええっ。そりゃむちゃくちゃですね。前後重量配分59・4：40・6ですか？　かなり異常な値です。そんなにリヤが軽いからR32GT‐Rはすぐテールスライドしたんですよ（笑）。なんかおかしいと思った。そんな操縦性をスタンバイ4駆でいくらエイドしたってぜんぜん自慢にならない。

エンジン設計者　開発陣もそれは気にしてたようで、R33、R34と、どんどんリヤに荷重を載せて重量配分を是正してるんですね。

――車検証記載データだとR33GT‐Rが1400kg（前軸810kg／後軸590kg）、R34GT‐Rが1420kg（前軸810kg／後軸610kg）ですから、フロントもR32→R33で40kg軽くなってるんですが。

シャシ設計者　でも一番良好なR33でも57・9：42・1でしょ。エンジン重過ぎ・フロント重すぎですよ。

――そういえばR35GT‐Rの取材のとき、日産のパワートレーン開発部のエンジニアが、R32～R34のGT‐Rのパワートレーンは重くて長大な直6エンジンの後部に変速機をつけ、さらにその後ろにセンターデフを装着したうなぎの寝床のような状況だったので、それに起因する曲げ共振が生じやすく、R34型GT-Rの場合だと車速250km／h付近にパワートレーンの共振点が出てしまっていて、レースの場合はそれが大問題だったと言ってました。

シャシ設計者　R35でV6＋トランスアクスル式4WDにして共振点を一気に上げられたから、過去の設計の欠点を公にできるようになったということでしょうね。どこの会社も同じです。

R32の販売実績

――「GT-Rを擁護している」と言われてしまいましたが、私は別にスカイライン・ファンでもGT-Rファンでもないです。C10、ケンメリ、ジャパン、7th、そしてR32のあともR33～34、V35～37と過去現在のスカイラインにはすべて乗りましたが、絶賛したことがあるのはR32だけです。過去現在のGT-Rにもすべて乗りましたが、絶賛したことがあるのはR32とR35だけです。

自動車設計者　もちろん福野さんが何に乗ってどう褒めて擁護しようが福野さんの自由です。

――GT-Rは「世界一」だと思いましたが、ではクルマ商売としてR32スカイラインはどうだったのか。途中でバブルが弾けたこともあって、93年9月のフルチェンジまでの52ヶ月間の販売成績はやっとR31を上回る程度の31万1392台。月販平均は6000台で、当初掲げていた目標の8000台には届かず、ローレルC32との合計でも、バブル崩壊直前の１９９０年に年間生産台数30万台を記録したマークⅡ３兄弟には遠くおよびませんでした。

歴代スカイラインの販売ランキング（インターネット調べの販売台数から月販平均値を算出）
①４代目Ｃ１１０（ケンメリ）67万５６０台　１９７２／９～77／８　59ヶ月（平均１万１５６０台／月）
②７代目Ｒ31（７ｔｈ）30万９７１６台　１９８５／８～89／５　45ヶ月（平均６８８０台／月）
③３代目Ｃ10（愛のスカイライン）31万４４７台　１９６８／８～72／９　49ヶ月（平均６３４０台／月）
④８代目Ｒ32（超感覚）31万１３９２台　１９８９／５～93／９　52ヶ月（平均６０００台／月）

――　不人気だったＲ31の販売期間が短かったので総販売台数ではＲ32のほうが偏差で上回ってますが、月販平均にするとＲ31より９００台近く落ちています。

自動車設計者　このケンメリの飛び抜けた人気はあれでしょうねえ。当時のＣＭの。

シャシ設計者　「ケンとメリーのスカイライン」。

エンジン設計者　そういえば福野さんはゲンロクの連載（「昭和元禄Ｕｎｉｖｅｒｓｅ」）で初代メリーさんにあったんですよね。ダイアン・クレイさんでしたっけ。もともとお友達だったたんでしたっけ。

――　いえいえ親戚の知り合いの娘が、ダイアンが通っていた学校（入間のジョンソン高校）の同級生だったというだけのことで、もちろん当時はダイアンに会ったことはありません。人気の絶頂期にケン役の陣内タケシさんがバイクの事故で亡くなったので、メリー役を他の人と交代してアメリカに帰り、そしてレストランのウエイトレスになったんですよね。その仕事を17年間続け、仕事しながら勉強して大学に入学、教員の資格を取って中学校の教員になった。私がお会いしたときはシトラスハイツにあるニューサンホアン高校で数学、地球科学、生物学、社会科学を教えているとおっしゃってました。本当に見上げた方です。

エンジン設計者　伊藤さんの本では、R32が当初目標を達成できなかったのを半分バブルのせいにしていて、R32のコンセプトに対する反省はあまり書いてないのですが、マークⅡ3兄弟に対抗するためにスカイラインをスポーツカー／スポーティカーにしちゃったのは、ジャーナリストの言うことなんか真に受けたからで、そこがR32の失策だったのではないかと。

――むかしから「自動車評論家の言う通りに作って売れたクルマはない」といいますからね。

自動車設計者　バブルが弾けたのは1991年3月、クルマの販売に影響が出始めるのはそのあと数ヶ月以降たってからでしたから、52ヶ月間のうちバブルの影響があるのはそもそも売れ行きが落ちてくる後半の2年間でしょう。

――ただ前期型で445万円、後期型では529万円もしたGT‐Rについては、販売期間49ヶ月間で4万3934台も売れてたんですね。月販平均900台／月で、R32全体の約15％にもなります。R32 GT‐Rの生産台数内訳はインターネットなどの情報だと標準車4万390台、VスペックⅠ：1453台、VスペックⅡ：

1303台、NISMO（限定500台）560台、N1ベース車両（限定200台）228台ということです。

歴代のGT‐Rの販売台数（同じくインターネット調べ）
C10 GT‐R セダン832台＋2ドア1197台＝2029台
C110 GT‐R 197台
R32 GT‐R 4万3934台
R33 GT‐R 1万6520台
R34 GT‐R 1万2175台
R35 GT‐R（2016年8月までのデータで）輸出込み3万3770台（うち国内9948台）

――15年間作り続けている現行R35も含めても、R32だけが飛び抜けて売れてる。

自動車設計者　前後オーバーハングを切り詰めトランク容積を減らしてまでスポーティなパッケージに構築し、レースで破竹の進撃を続けて名声を築いても、乗用車としての販売成績には結びつかないという。ランサー・エボリューションとかスバルWRXなども同じですね。結局終わってみればレースやラリーで名声を博したその車種しか売れてないと。

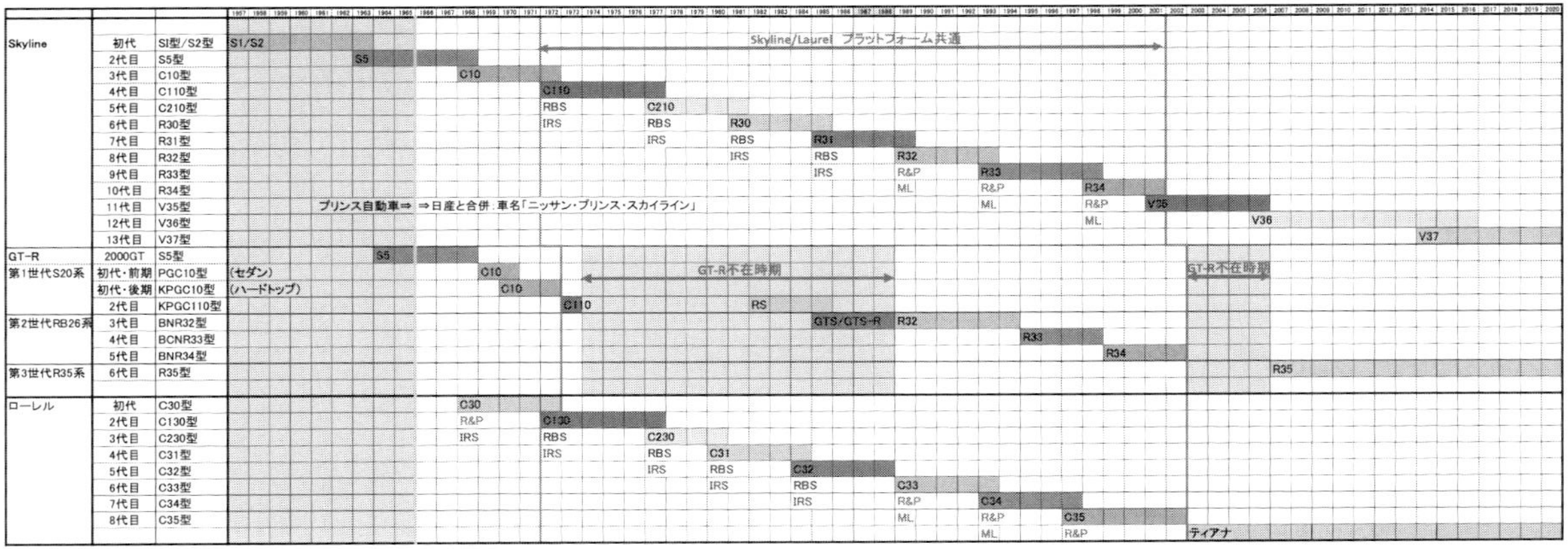

図6　**スカイライン／GT-R／ローレルのモデル変遷**

スカイライン歴代モデルとGT-Rの変遷およびローレルの変遷との関係を示す（シャシ設計者作成）。ローレルとのプラットフォーム共用はC110からR34までの29年間7モデルである。またGT-Rの不在期間は合計約19年間で、存在期間34年間よりも短い。

シャシ設計者　逆に頂上モデルが存在することで、一般モデルの販売の足を引っ張っているということもあるんじゃないのかな。

エンジン設計者　それはいえますね。ＧＴ‐Ｒは欲しいけど高くて買えない、じゃあＧＴＳで我慢するかとなると、そんな大金払ってまで「我慢」「妥協」なんて嫌だ。それならいっそクレスタを買って「少数派エリート（笑）」になった方がいいとか。

シャシ設計者　Ｒ32のＧＴ‐Ｒのエンジン（ＲＢ26ＤＥＴＴ）を２・６ℓにしたのは、おそらくレースで勝つための条件を積み重ねていった結果だと思いますが、その結果ＧＴ‐Ｒだけが３ナンバー車になった。それを外観でもアピールするため前後ブリスターフェンダーにしたわけですよね。確かにそれによってＧＴ‐Ｒは過去になくカッコ良くなったんですが、５ナンバーの標準車との外観の格差がつきすぎて、誰がどう見たって「ＧＴ‐Ｒはカッコいいけど、２ℓはカッコ悪いね」としかならなくなってしまったのでは。

――　Ｃ10やＣＣＰ１１０の時代は、標準のＧＴとＧＴ‐Ｒの差は外見上ボルトオンのオーバーフェンダーとタイヤ／ホイールだけでしたから、すくなくても外観上なら簡単に「ＧＴ‐Ｒもどき」に改造できました。まあそれで白バイに捕まって整備不良で切符を切られた人も実際いたんですが、少なくともレプリカは作れた。Ｚ30のフェアレディも、当初Ｌ20型ＳＯＨＣエンジン搭載の廉価版のＺやＺＬを買った人の多くがＳ20型エンジン搭載車の車名である「４３２」のバッジをつけてました。いま考えてみると低次元ドレスアップ化だったと思いますが「少なくとも似たような感じにドレスアップできる」というのは販売にとっては重要なポイントだったのではないかと思います。

シャシ設計者　ケンメリと愛が売れた中には「ＧＴ‐Ｒのレプリカにしたくて ＧＴを買った人」も含まれているかもしれませんね。

――はい。かなりいたと思います。Ｒ32はあまりにも頂上モデルすぎて、スカイラインの一般ユーザーにとって憧れにならなくなっちゃったのかも。なのでＲ32全体の足を逆に引っ張った可能性もひょっとすると多少あったかもしれませんね。

エンジン設計者　少なくともそういう反省があったからこそ、Ｒ35ではスカイラインの冠を外したのでしょう。あれでなんかスカイラインもＧＴ‐Ｒも、お互いに随分すっきりしたように思います。

Ｒ32のフロントサスペンション

――Ｒ32のメカの観察です。まずフロントサスペンションですが、伊藤修令さんの著書には、Ｃ10からＲ31まで21年間スカイラインで使われた前後サスペンション（前ストラット式／後セミトレーリングアーム式）は伊藤さんがＣ10用に設計したものが原型だったということ、それを刷新するため、Ｒ32のリヤには１９８８年発売のＳ13型シルビア／Ａ31型セフィーロから導入することが決まっていたマルチリンクサスを採用、リヤがマルチリンクならフロントもダブルウイッシュボーン式にしたいと考え、１９８６年１月にその旨シャシー設計部に依頼したが「積極的な反応は得られなかった」と書いてありました。

シャシ設計者　ははは、よくある話。

――車両企画チームが各部署に「お願いして」エンジンやサスを「設計していただく」という、このシステムが外の人間にはなかなか理解しずらい部分です。

自動車設計者　車両企画チームというのは「独立愚連隊」で、たとえメンバーがそれぞれ設計部門の出身であっても、設計は企画チームの業務ではありません。企画チームの業務はクルマを企画・設計・開発するプロジェクト全体を統括することです。

――１９８６年夏になって伊藤さんたちはシャシー設計部に呼ばれ、車両研究所とシャシー設計部のスタッフから、かねてから開発中だった新型フロントサスの概要を模型を使ってプレゼンされます。伊藤さんはシャシー設計部出身ですから、その新型フロントサスが画期的で他にないものであることはすぐわかったようで「懸念される問題点もあったが、対策は可能と判断（記述骨子）」して採用を決定したということです。

シャシ設計者　前章でＳ13シルビア（１９８８年５月発売）と同９月発売のＡ31セフィーロのフロントサスはＦＦサニー用で、主要部品は部品番号もサニーと共通だったというちょっとショッキングな事実が「暴露」されましたけど、伊藤さんはＲ32ではＦＦサニー用は使わず、フロントも新規開発したかったということですね。

――シルビアの座談のあと私は座間工場に行って約５６００㎡のフロアにぎっしり２８０台の歴代日産車を並べている「日産ヘリテージコレクション」を取材したんですが、そのとき改めてＳ13シルビアもＡ31セフィーロも座間工場製だったということを知りました。座間工場といえば「歴代サニーの生産工場」ですからね。FF車とFR車を同じ工場で作るという、ちょっと無理のある生産方式だったわけですが、せめてフロントサスくらい共用しようということだったんでしょう。

自動車設計者　R32の場合はGT‐Rを4WDにすることが決まってたんだから、そのまま行けばどう転んでもフロントはFFサニー用ということになってしまう。そこをなんとか、ということでしょう。

――（フロントサスの図を見ながら）えー高い位置にアッパーアームがあって、しかもAアームではなくIアームをダンパーの後方に向けて斜めに配置してますね。1987年4月9日にデビューした3代目ホンダ プレリュード（BA4／5／7型）のフロントに似ています。

自動車設計者　いえいえ、プレリュードもR32もアッパーアームは両端が軸支持ですから、リンク機構学的にいうとIアームではなく「台形リンク」ですよ。それにR32のフロントサスの最大のポイントは、図のように「サードリンク」という部材を新設してコイル／ダンパーユニットをこれに固定、下端にアッパーボールジョイントを配置したことです。ですからキングピン軸（ステア軸）が通常のストラット式やハイアッパー式よりも寝ていますし、キャスター角の設定やキャスタートレールの設定の自由度が高くなります。当時このフロントサスを見て「なんだこれは！」と思いました。悪い意味ではなくて、思い切ったなあ、変わったことやったなあ、よくやったなあという半分尊敬の気持ちでした。

シャシ設計者　改めて説明するまでもないとは思いますが、通常のストラット式では仮想キングピン軸はストラ

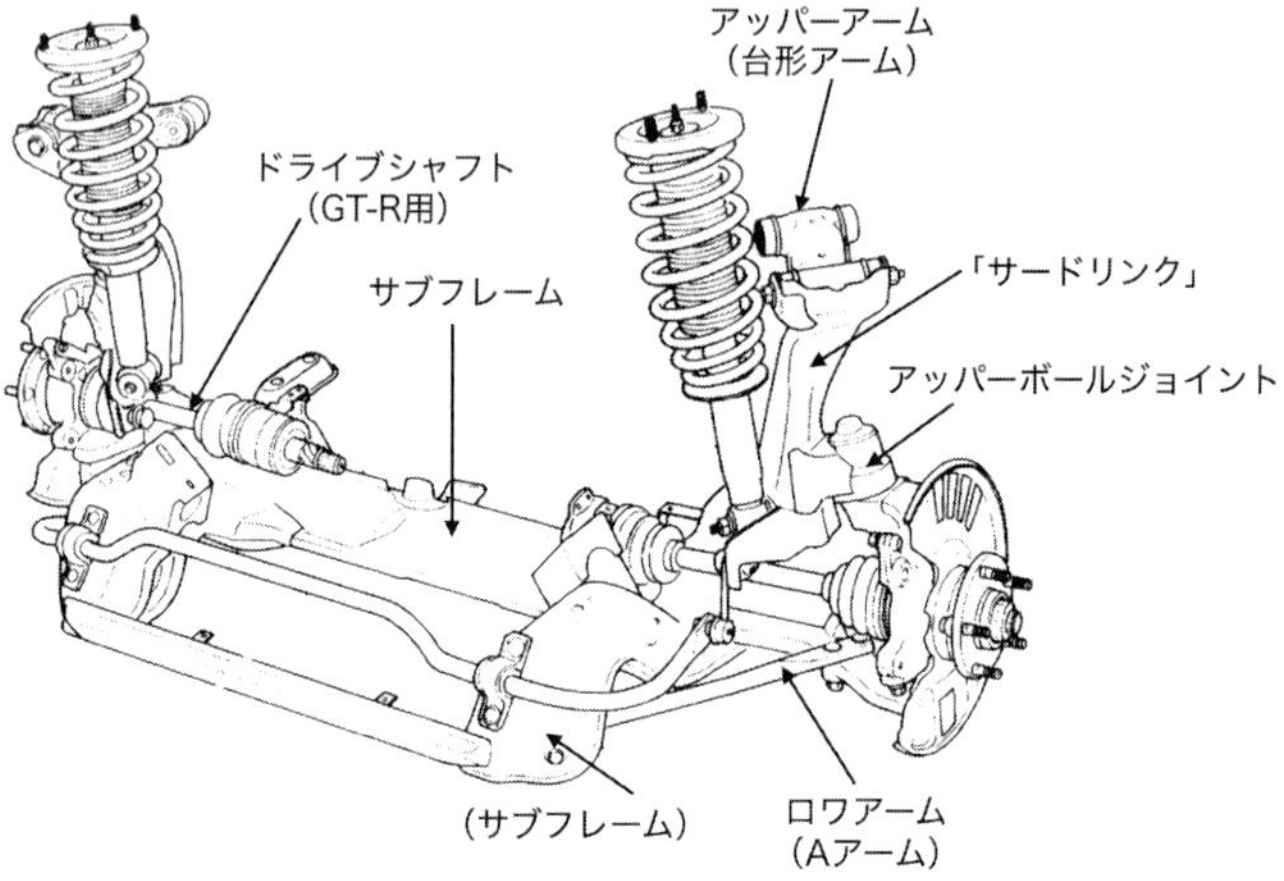
アッパーアーム
（台形アーム）
ドライブシャフト
（GT-R用）
サブフレーム
「サードリンク」
アッパーボールジョイント
（サブフレーム）
ロワアーム
（Aアーム）

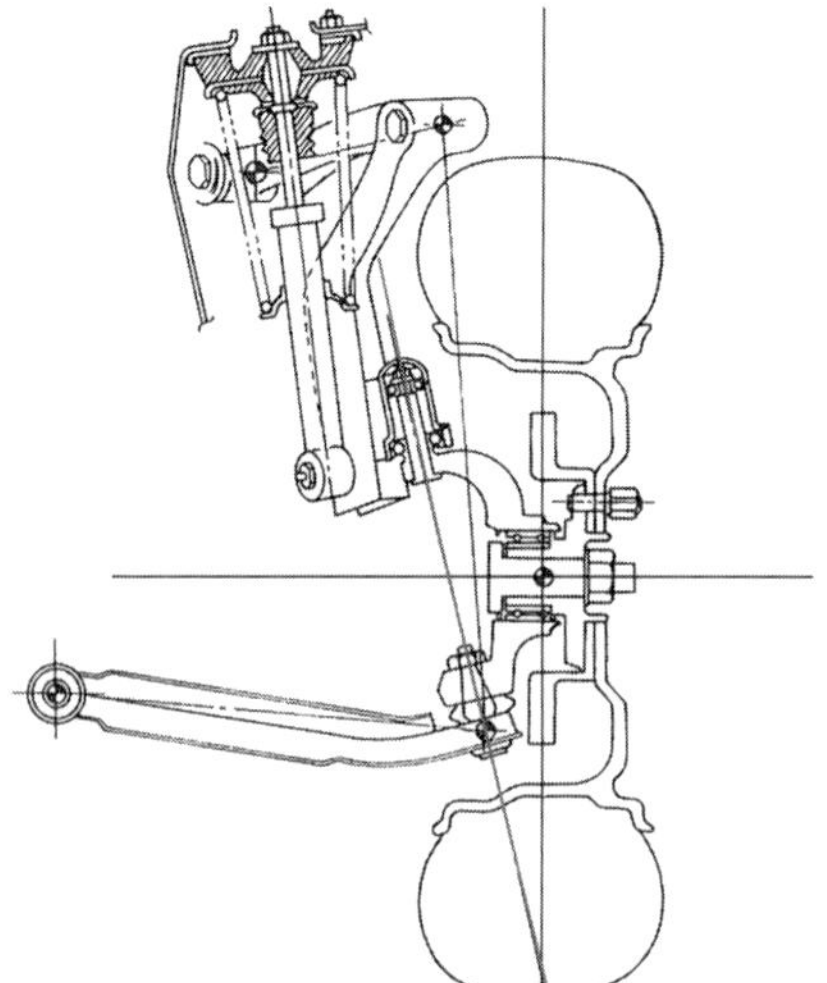

図7

ット頂部とロワボールジョイントを結んだ線です。ハイアッパーアーム式のダブルウィッシュボーンの場合では、アッパーAアームの頂点にあるボールジョイントとロワボールジョイントを結んだ線になりますから、仮想キングピン軸の角度がストラット式の場合よりもかなり立ちあがって、キングピンオフセットが大きくなります。キングピンオフセットが大きくなると、前後方向の入力によってキングピンまわりの回転モーメントが生じて、加速時の操舵感や制動時安定性などに問題が起きます。上下慣性力による曲げモーメントも生じます。図をご覧になればお分かりのように、ロワボールジョイントの位置はブレーキローターなどとの兼ね合いで大きく動かせませんが、BMWはロワアームをダブルジョイント式にしてキングピン軸のロワ側の仮想回転中心をホイールセンターに近づけ、これによってキングピン軸を寝かせました。現在のハイアッパー式ではこの方式が主流になっています。アッパー側をいじったR32の設計はちょっと奇策ですね。

――コイル／ダンパーユニットと一体のサードリンクの下部にアッパーボールジョイントを置き、そのユニット全体は上部の台形リンクで位置決めしたということですね。その結果、確かにキングピン軸がストラット式に近いくらいまで寝て、ほぼゼロスクラブになってますね。

シャシ設計者　えーと、当時ハイアッパー式ダブルウィッシュボーンのアッパーアームを逆Aアームにするという特許を見たことがありますが、そうするとアッパーボールジョイントがダンパーよりも内側のボディマウント部にくるので、ロワアームが通常のAアームでもさらにキングピン軸を寝かせられます。

自動車設計者　それだとAアームごとつれ回ってステアすることになりますね（笑）。しかしR32のサスがサードリンクを設けた最大の理由は、やっぱりドライブシャフトを通すためだと思いますよ。

――　ドラシャが通せるならFFにも使えますからね。FFサニーのフロントをFR車に使ったんだから、この新型サスをFFに使うことだって当然考えてたかも。

シャシ設計者　ベンツの4WDはダブルウィッシュボーンのコイルばねを極端な不等ピッチにしてその隙間にドラシャを通したり、ストラットの下部を二股にしたりと、もっとプラクティカルな方法を使ってました。

エンジン設計者　R32のフロントは、アッパーの台形リンクもサードリンクも鋼板プレスのモナカ構造ですから、いまの目で現物を見るとちょっと牧歌的に感じちゃいます。アッパーの台形リンクがプレリュードのハイアッパーアームのように後方にツイストしているのは、操舵角が付くとバンプ時のキャンバーが増えるからで、当時は「旋回内輪では長いアッパーリンクとして作用し、旋回外輪側では短いアッパーリンクとして作用、直線時は左右輪共に長いアッパーリンクとして作用するから、対地キャンバー角が適正化されて直進性も旋回性も向上する」とアピールしていて、なるほどー！と思ってたんですが、このあとのR33ではアッパーアームをあっさり普通のワイドスパンの台形リンクに変更しちゃって、なんだかなあと。

シャシ設計者　いやいやR33でツイステッドリンクをやめたのはサスとしての自由度の問題だと思いますよ。

R32

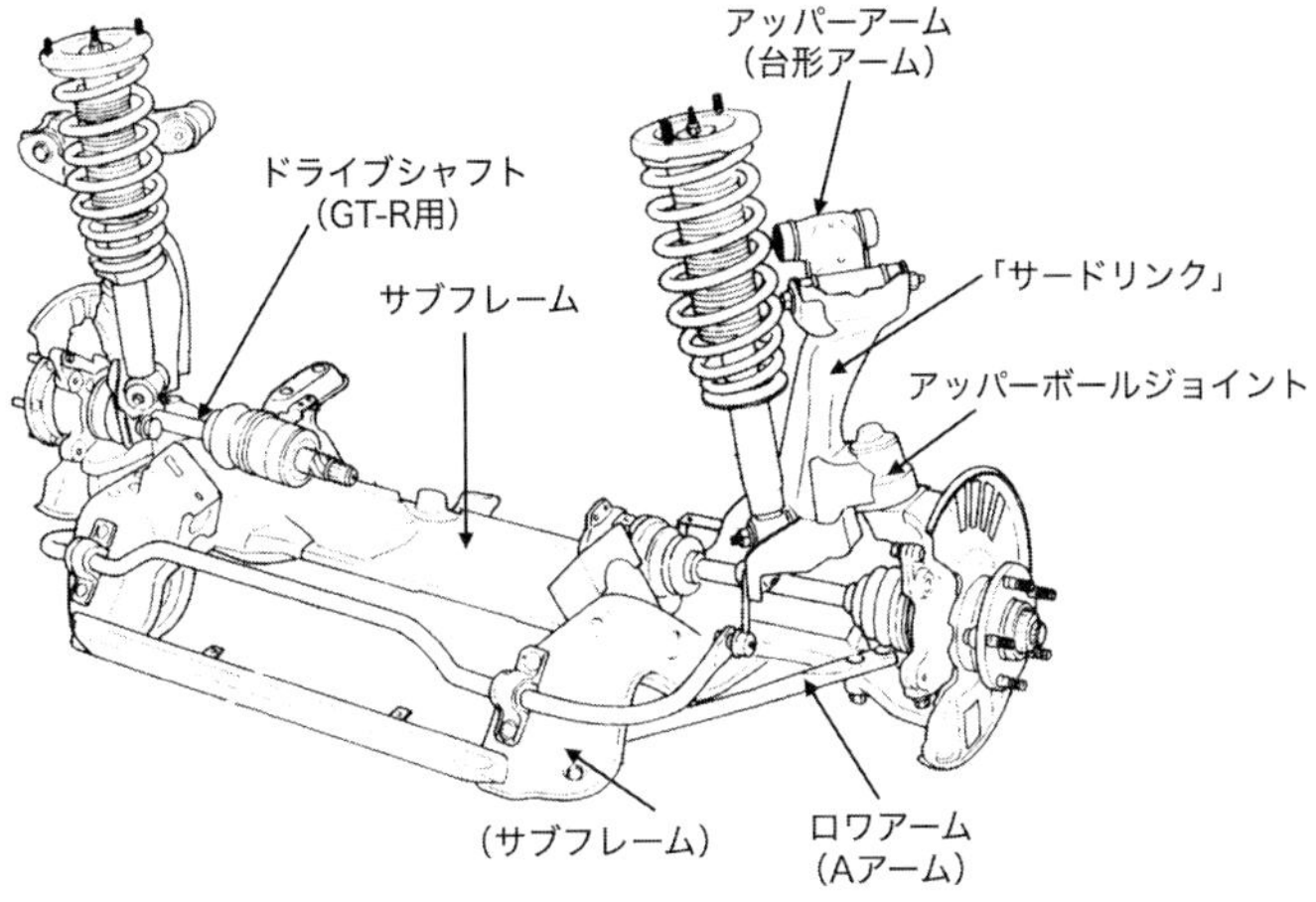

アッパーアーム
（台形アーム）
ドライブシャフト
（GT-R用）
「サードリンク」
サブフレーム
アッパーボールジョイント
（サブフレーム）
ロワアーム
（Aアーム）

R33

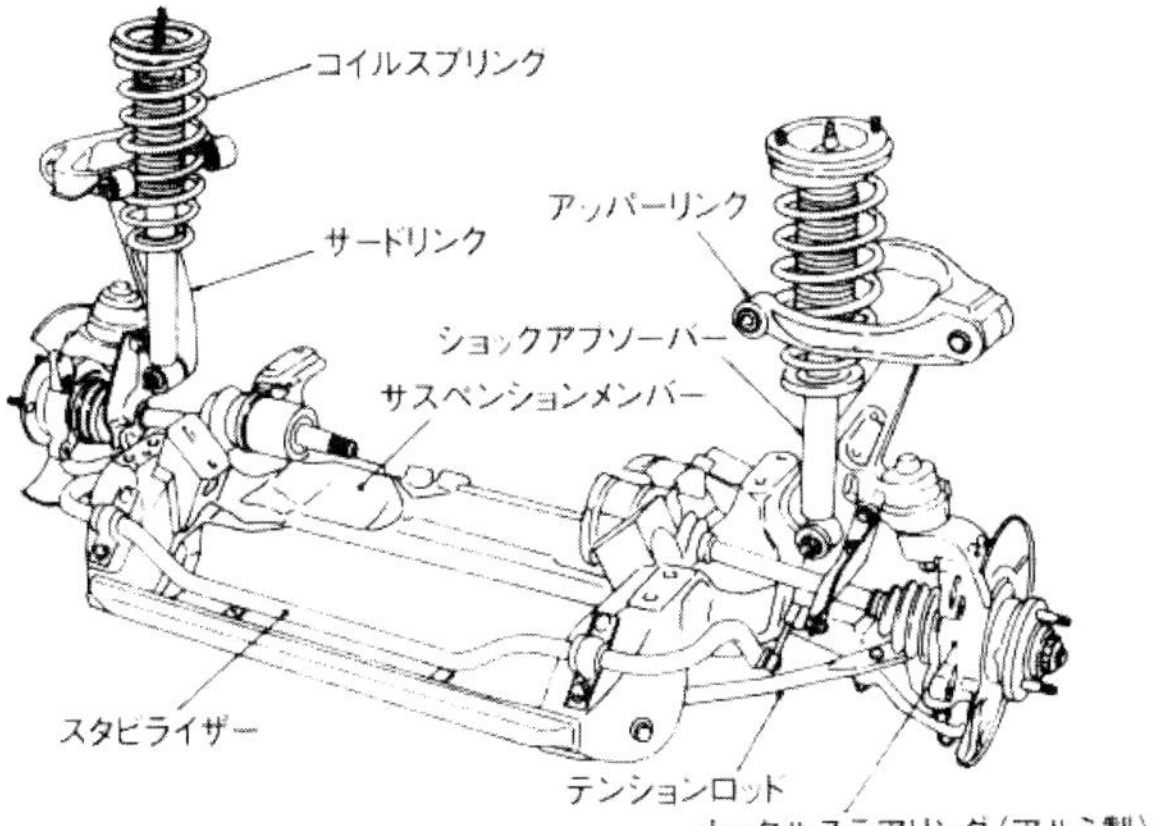

コイルスプリング
アッパーリンク
サードリンク
ショックアブソーバー
サスペンションメンバー
スタビライザー
テンションロッド
ナックルステアリング（アルミ製）

図8

過拘束サス＋ツイステッドリンクという設計とその対策

シャシ設計者　R32のこのフロントサスは過拘束です。

――これ、過拘束サスですか。

シャシ設計者　計算してみましょうか。構成要素がハブキャリア、ロワAアーム、サードリンク、アッパー台形リンク、タイロッドの5つ。6自由度×5で総自由度は30です。軸拘束部分はアッパー台形リンクの前後2ヶ所、ロワAアームのボディ側マウント、サードリンク↕ナックルの4ヶ所だから拘束「－5」×4ヶ所で－20。拘束3のボールジョイント部（ピン拘束）は、ロワAアームのボールジョイントとタイロッドの両端ですから拘束「－3」×3ヶ所で－9。ここまでの計算なら30－20－9で残自由度「1」になりますが、タイロッドの回自由度はサスのストロークに無関係ですから、最後のお約束にこれを引くと30－30＝0で自由度ゼロ、サスペンションとしては過拘束になって作動できなくなります。

――「クルマの教室」で勉強しました。独立懸架は片側で残自由度「1」でなければサスペンションとして成立せず、固定軸は両側で残自由度「2」でなければ成立しません（サスペンションの自由度とその計算方法については以下を参照）。自由度がそれより大きければタイヤがぐらぐらになるし、自由度がそれより小さければ過拘束になってサスが上下できません。これこそサスペンションの秘密です。でもって自由度が「0」以下の過拘束サスの場合は「成立する条件」があるんでした。たとえば、構成要素が3で総自由度が18しかないのに、軸拘束が4ヶ所あるから20自由度を拘束、残自由度が「－2」という超過拘束サスである上下台形アームのダブルウィッシュボーンの場合、「上下左右4本の軸が平行の場合のみサスが上下できてサスとして成立する」ということでした。上下左右4本の軸が平行なら「二次元的に動けるようになる」からです。とするとR32のフロントの場合も、どっかとどっかが平行でないと作動しないとか、特異配置の条件があるはずですね。

自動車設計者　アッパー台形アームの両ブッシュ軸が平行なことは当然として、アッパー台形アームの両ブッシュ軸が「キングピン軸と直交する」という条件も必要でしょう。

――　初代S30のフェアレディZのリヤサスの台形ロワアームのストラット式サスがそんな感じでしたね（S30Zのリヤサスの自由度：構成要素3で総自由度6×3＝18、軸拘束2ヶ所で－10、ピン拘束はストラット頂部1ヶ所で－3、ストラット拘束が－4、軸回転－1だから、18－10－3－4－1＝0で自由度ゼロの過拘束サス）。あの場合は「台形ロワアームの両端の作動軸が平行」で、かつ「ストラットがこれに直交している場合」のみ作動できるということでした。上下台形アームのダブルウイッシュボーンと同様、アンチスクォートやアンチリフトの設定をするには、その幾何学的配置を守ったまま、全体を傾斜しないといけない。

シャシ設計者　えーと、でもですね、R32の場合キングピン軸とロアボールジョイントが一致するということは、サスの上下動とステアは別になるので、ハブキャリアを一体のものとしてタイロッドもない状態まで考えると、自動車設計者さんの条件でもまだ過拘束ですよ。これロアアームも平行でなければならないのでは？

自動車設計者　そうか。確かにその通りです。いま福野さんが言ったS30Zの台形アームのストラット式の場合でも「ストラットと台形アームの作動軸が互いに直交しないといけない」んだから、それはストラットの「無限に長いアッパーAアーム」が台形アームと平行であるというのと同義ですよね（ストラット式サスのジオメトリー変化特性は、アッパーアームが無限大に長いAアームを持つ不等長ダブルウィッシュボーンと同じである→単行本『クルマの教室』参照）。だからR32の場合もロアアームも直交している必要がありますね。

シャシ設計者　これアッパー台形アームの2つのピボット軸は、本来ならほぼ車両前後軸に平行なロアAアームのピボット軸と平行でないと成立しないはずなんですよ。でもこのサスではアッパーアームに前進角が付いちゃってる（＝後方にツイスト）から、これはもうなにをやっても二次元的にさえ動けないサスです。だからアッパーアームのブッシュを無理矢理こじって、それでなんとか逃がしてやるしかない。

自動車設計者　このアッパーアームは福野さんにIアームと間違われてしまうくらいしょぼい台形アームなので、ブッシュのゴムの逃がしでなんとかなっているのでしょうねえ。

エンジン設計者　R32のツイステッドアッパーアームは過拘束→ブッシュ逃がしでしか成立しないということですか。なるほど。。

——伊藤さんが書いてた「懸念される問題点」というのはようするにそのことで、伊藤さんも当然見たときにちゃんとわかっておられたわけですね。ブッシュのこじりでなんとか逃げるというのが「対策は可能と判断した」というところだったんでしょう。

自動車設計者　個人的にはブッシュで逃げて過拘束サスペンションを無理矢理成立させるなんていう手法は、どうにも好きになれませんねえ。

シャシ設計者　だから伊藤さんの後任で、R32の開発のとき実験のボスだった渡邉衡三さんは、R33では普通のワイドスパンの台形リンクにしたんだと思います（それならアッパーアームの車体側、ハブキャリア側、ロアアーム車体側の回転軸がおおむねすべて平行になって、過拘束サスでも機構学上二次元的に成立する）。

エンジン設計者　そういうことだったんですね。納得です。

自動車設計者　ウィキペディアのR32型の解説にも、アッパーアームはR32の「I型」からR33では「A型」に変わった、なんて誤解を招く表現が書いてありますが、さっきも言ったようにどちらも機構学的には台形アームです。フロントでもリヤでも、とにかく台形アームというやつを使っちゃうと、構成要素1で己の自由度が6しかないのに両端が軸支持で10自由度を拘束してしまう部材だから、ポルシェ928のリヤのように残り1本リンクでしかサスは成立しなくなる。もしそれ以外のアームを使いたいなら、BMWの旧型リヤのインテグラルリンク式みたいなおかしな機構か、あるいはブッシュの逃し（旧アウディ方式）などのように、機構学的に特異な配置やトリックが必ず必要になってきます。

シャシ設計者　ネットを見ていたら、R32用にフロントアッパーアームのキャンバー調整機能をつけたチューニングパーツが出ているのを見つけました。アッパーの台形リンクの中央部分がキャンバー調整用のターンバックルになっていますが、もしこの固定ネジをゆるめたままターンバックル部分を回転可能にすると、サスの構成要素が6になって総自由度36、軸拘束5ヶ所、ピン拘束3ヶ所ですから36－25－9＝34、ここから軸回転－1すると自由度が「1」になってR32のフロントサスでもサス成立します！　これ作った人はそこまで気がついてたかな。

自動車設計者　これは大発見ですね。……まあここまでやるくらいなら誰もがR33以降の方式がいいと思うでしょうけど（笑）。しかしいまから思うとR32のこのフロントサスは「クルマの教室」の「サスペンションの自由度」の講義の教材にはもってこいでしたねえ。

シャシ設計者　R32のサスではロアアームの拘束によるボールジョイントの円運動に追従できるのは、ロアアームの円運動とアッパーアームの拘束による平面運動がぴたり重なったときだけです。これが特殊解の「アッパーアーム2軸とロアアーム軸がすべて平行」という条件です。しかしアッパーアームに回転軸を追加すると、ロアボールジョイント部が平面運動（2次元）から1自由度増えて空間運動（3次元）になるので、ロアアームの拘

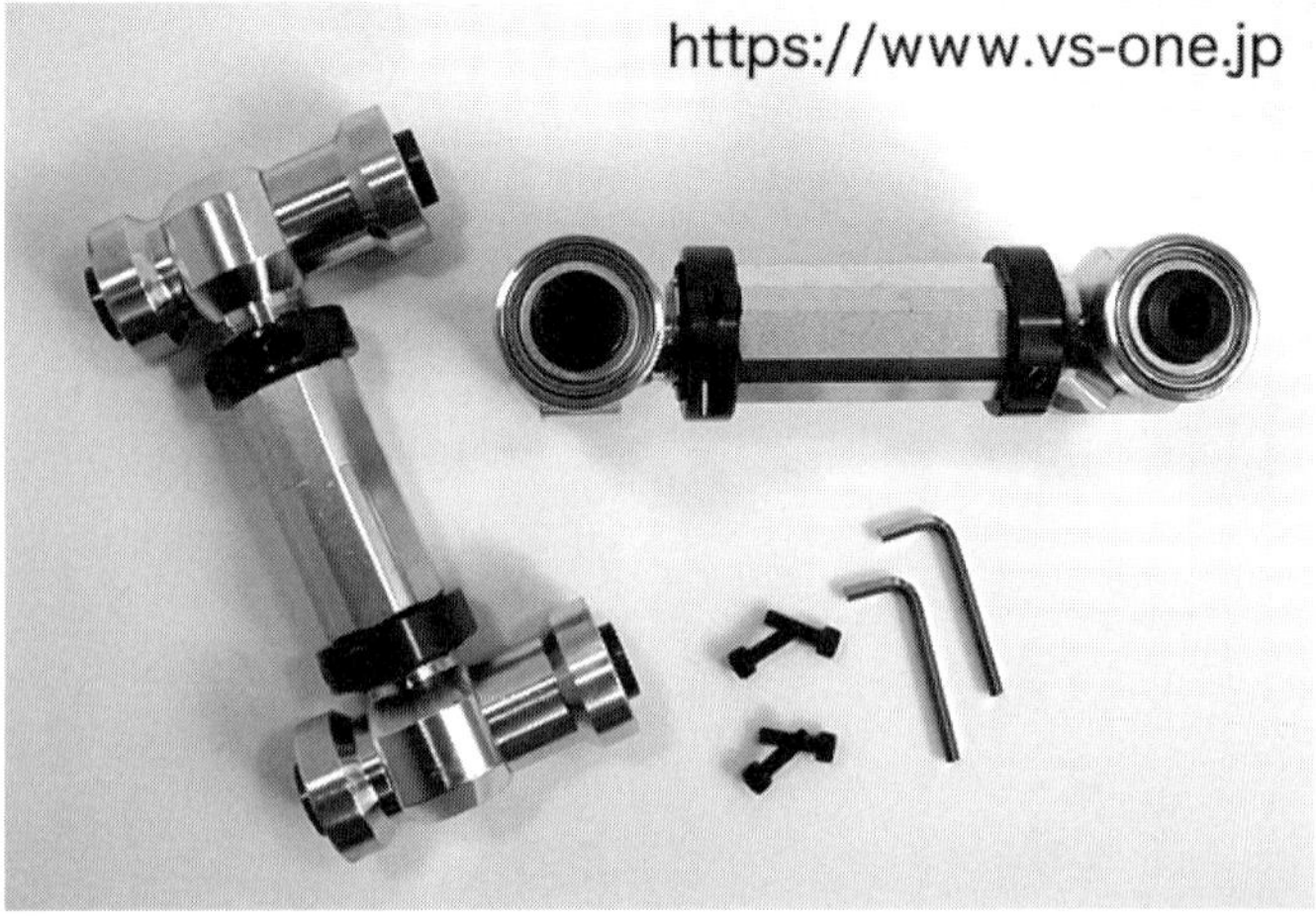

図9

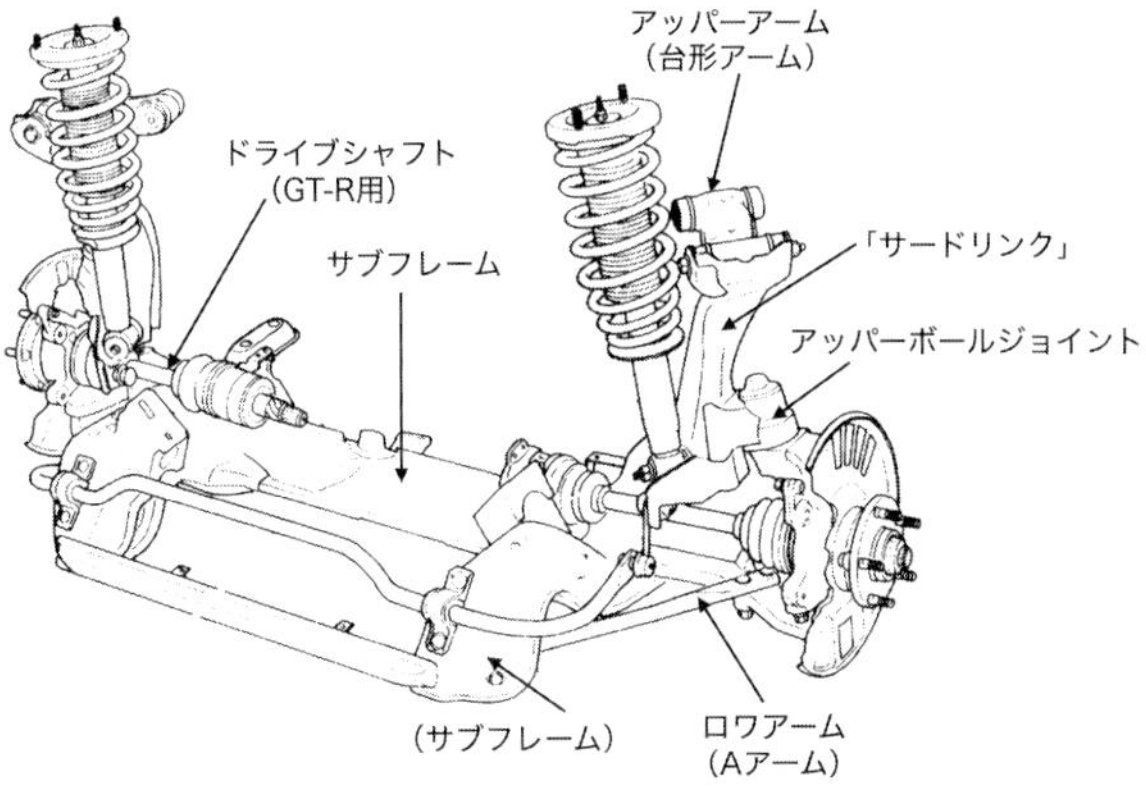

図10　**R32のフロントサスペンション①**

R32の新型車解説書より。ただし解像度を修正、矢印を描き直し、部品名称を本稿でいつも使っているものに変更してある。スタビのピボットがロワアーム中央部にあるが、これだとレバー比で1／2、荷重比で1／2、ばねレート比で1／4になるので、ストラットから吊り下げる最近の取り出し方式に比べると同じロール剛性を得るためにスタビに4倍のばねレートが必要だ。「図のような細いスタビでは、きっとほとんど効果はなかったと思います（シャシ設計者）」

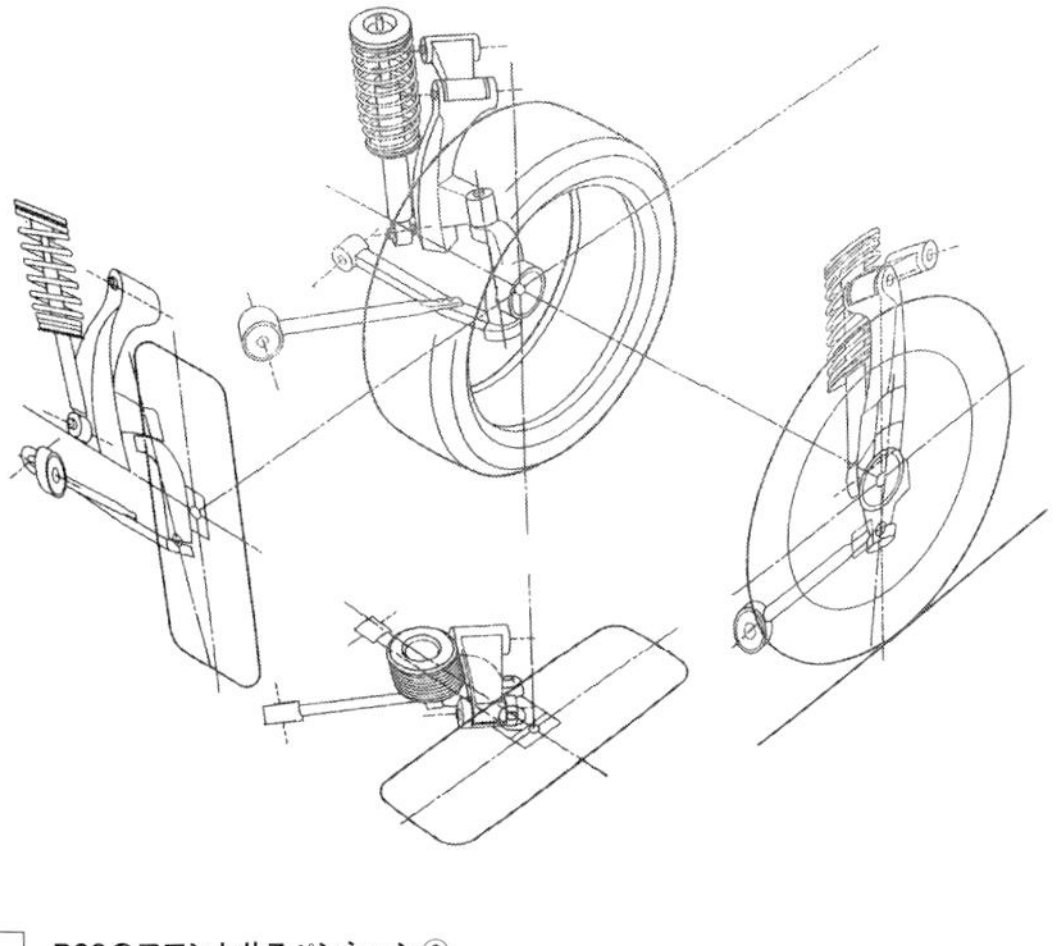

図11　**R32のフロントサスペンション②**

R32の新型車解説書より。立体視と三面視を組み合わせた図なので、シャシ設計者の依頼で三面をそれぞれPhotoshopを使って平面視に戻してみたが、各部寸法や角度が整合しなかった。3D図ではなく、それらしく描いたイラストだったのだろう。ただフロントサスの各アームの相対位置はよくわかる。

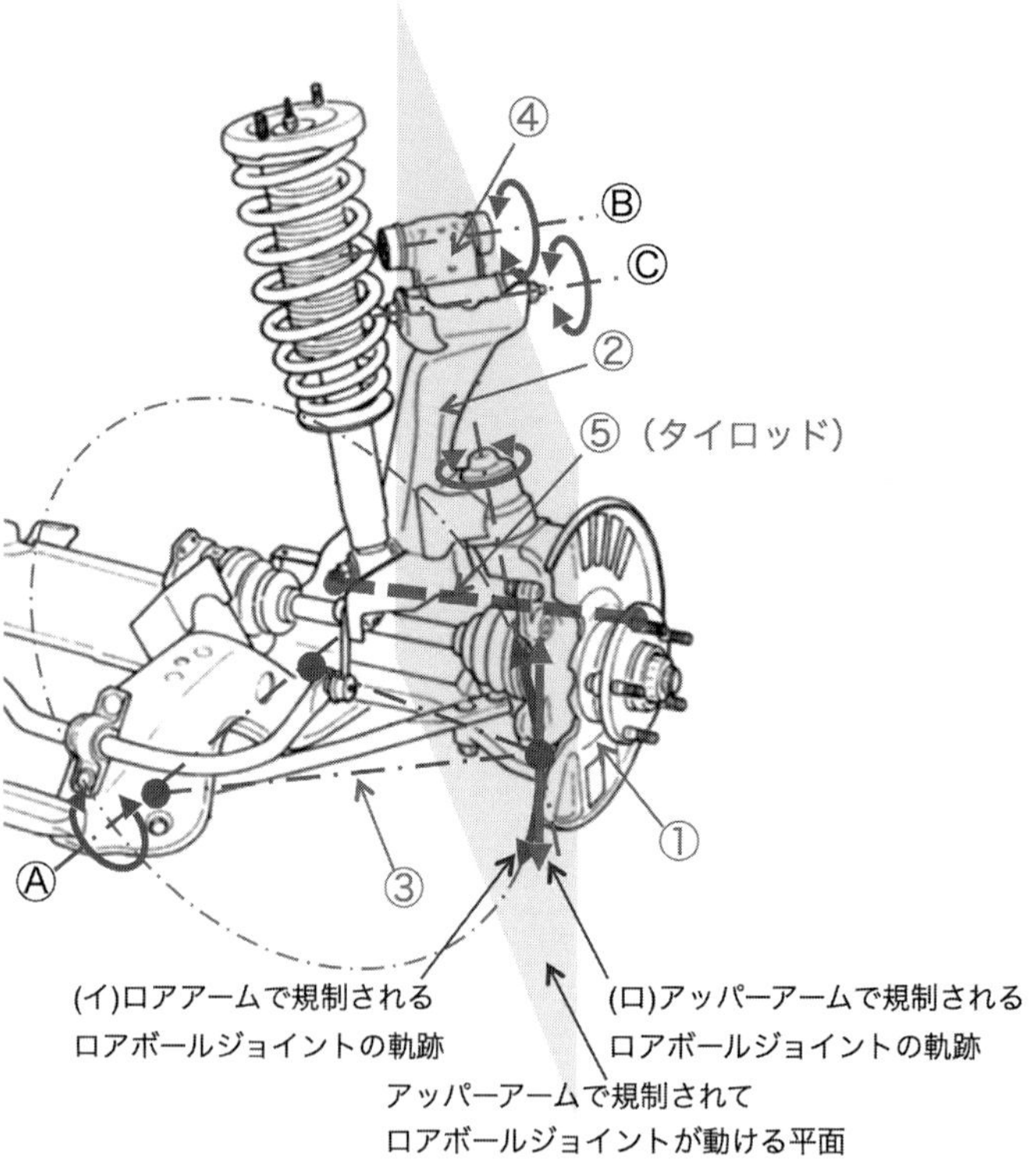

図12　シャシ設計者の推定解説①

R32のフロントサスは自由度「ゼロ」の過拘束サスである。自由度「1」が成り立つ特殊条件は、ロアアームAアームの作動軸Ⓐと、アッパーアームの作動軸ⒷとⒸがすべて平行になることだが、このサスの場合はさらにロアアームとアッパーアームの回転軸がねじれているので、図の（イ）と（ロ）のようにロアボールジョイントの軌跡がずれて干渉してしまうため、機構学的に成立していない。したがってアッパーアームのブッシュをかなりルーズにして軌跡のずれを逃がす必要がある。「これはかなり綱渡り的設計で、R33系でアッパーアームがロアアームと平行になったのも納得できます（シャシ設計者）」

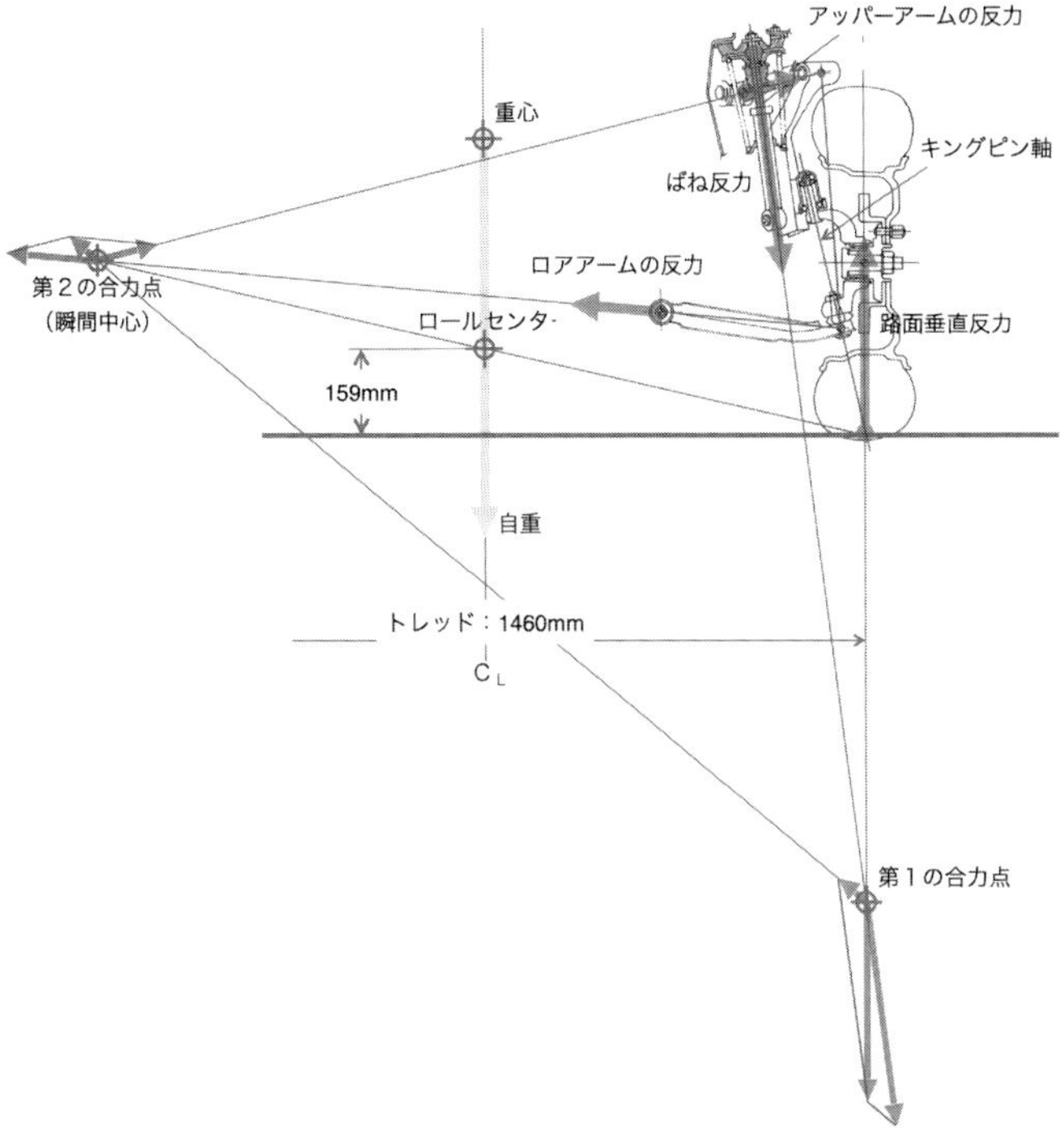

図13　シャシ設計者の推定解説②力のつり合い

タイヤ接地点の路面垂直反力は、ばね反力とオフセットしているので、図の「第1の合力点」でサスペンションの背面視の瞬間中心に分力する。サスペンション背面視の瞬間中心である「第2の合力点」ではさらにアッパーアームとロアアームに分力。「キングピンオフセットが非常に小さい（わずかにネガティブ）ので、背面視の釣り合いではほとんど自重モーメントは発生しません（シャシ設計者）」

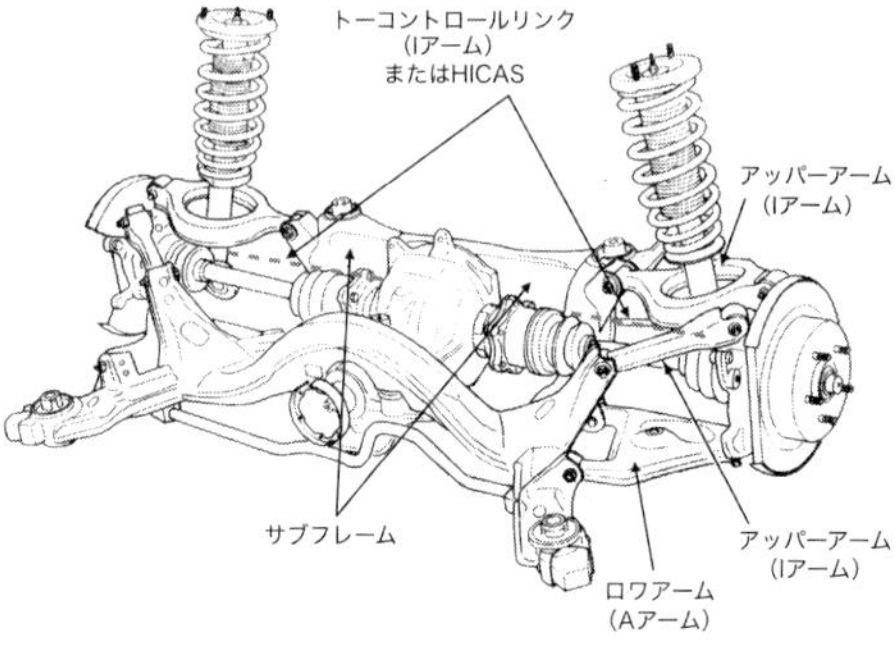

図14 **R32のリヤサスペンション**

R32の新型車解説書より。矢印を引き直し、図中の部品用語は本稿でいつも使っているものに変更してある。リヤのトーコントロールアーム、あるいはそれと交換に装着するHICASユニットがなぜか図中では省略されている（赤の点線部分）。

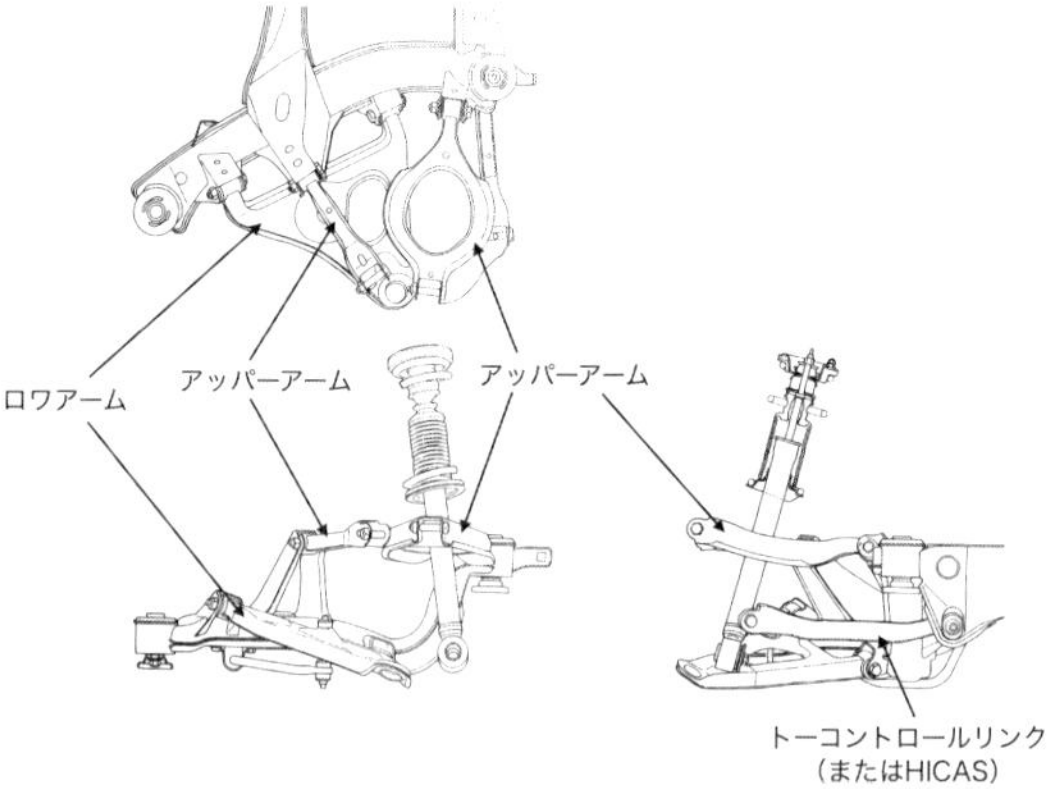

図15 **R32のリヤサスペンション三面視**

R32の新型車解説書より。ロワアームは平面形でマウント軸が後傾したダイアゴナルAアームだが、側面視でもこのように極端な後傾角がつけてあり、瞬間中心がスピンドル中心より高い。長年使ってきたセミトレーリングアーム式の欠点である過大スクオートの反省から、アンチスクオート率を高めようとした設計だ。

■DARSシステムによるトー・コントロール

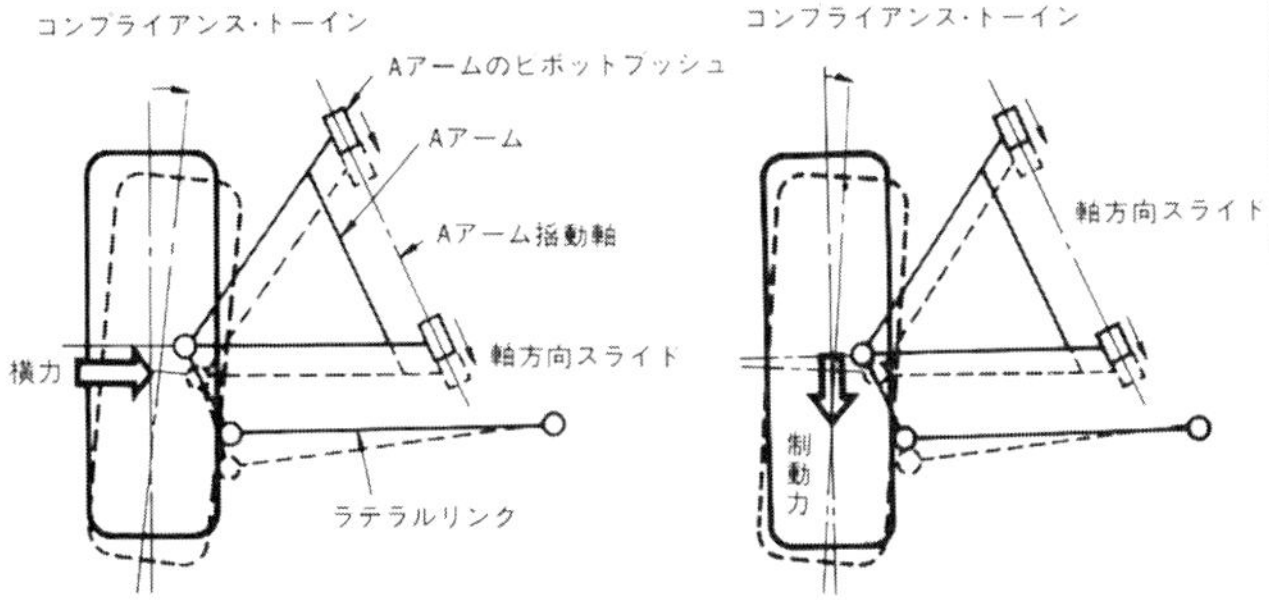

横力や制動力が作用すると、スラント配置のAアームのピボットブッシュがたわみ、Aアームが揺動軸方向にスライドすることにより、タイヤはトーインする。

図16　**R32のリヤサスに使われたDARSの概念**

R32の新型車解説書より。コンプライアンス変化による平面視でのタイヤのトー変化の制御を意図した設計だが、本稿シャシ設計者によれば「ポルシェ928のバイザッハアクスル同様、せいぜい横力トーアウト若干キャンセル程度の効能しかないだろう」とのこと。928の影響でバブル時代の日本車でいろいろな方式が試されたリヤサスのパッシブトーコントロール設計は、928同様に実際に試乗してみると「操縦性向上に対して非常に効果的」というふれこみほどではなく、机上の空論的な場合が多かった。

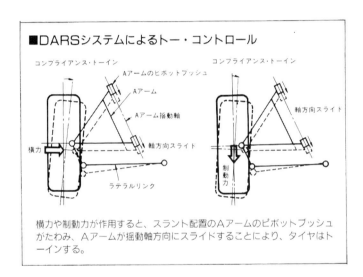

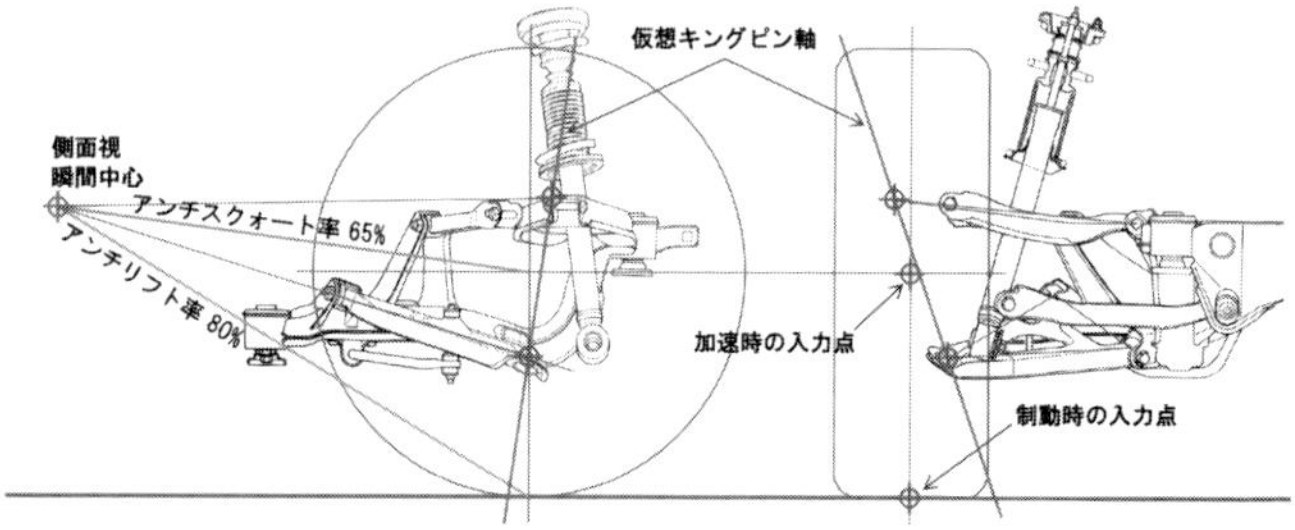

図17　シャシ設計者の推定解説①アンチリフト率／アンチスクォート率

S13シルビアの新型車解説書掲載の図版をベースに講師シャシ設計者が描いた図。R32の新型車解説書でもサブフレームのブッシュ部だけ変更して同じ図を使っている。ここではシルビアの場合のホイールベース値と推定重心高から、シルビアの場合のアンチリフト率とアンチスクォート率を推定している。ゼロリフト／ゼロスクォートまでは至っていないが、いずれも高い値。これ以前のセミトレーリングアーム式では側面視のサスペンション回転中心がホイールセンターよりも低いため、アンチスクォート率がマイナスになり（＝「プロスクォート」）、加速時は大袈裟にリヤを沈めていた。

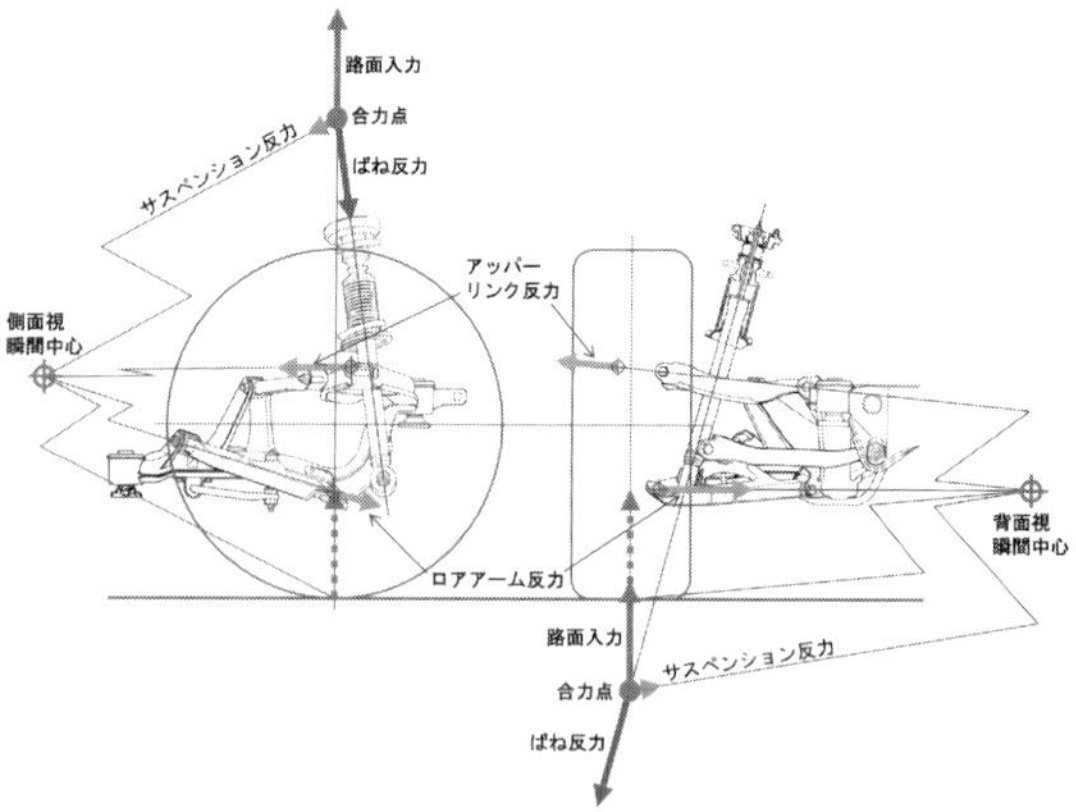

図18　シャシ設計者の推定解説②力のつり合い

このサスのように路面からの垂直の入力（赤矢印）とばね反力（青矢印）が同一線上にない場合、背面視とおなじように、側面視でも反力（緑矢印）が生じる。水色の矢印はそれぞれが分力されてアッパリンクとロアアームに加わった力を表すが、どちらも路面入力やばね反力に近いくらいの、かなり大きな力であることがわかる。「軸線のずれが大きいほどサスに大きな力が加わり、ブッシュが柔らかいと路面入力の変化によってサスが不整な動きをします。一般的にこのようなサスは乗り心地と操安性の両立が難しくなります。Aアームの設計も含めチューニングが難しいリヤサスという印象です（シャシ設計者）」

束によるボールジョイントの円運動に追従できるようになるわけです。

――うーん、30回くらい読めばわかるかも。。1回じゃ無理。

シャシ設計者　このフロントサスもFFサニー用同様、ロワアームの真ん中あたりからスタビを取り出してますね。

自動車設計者　リヤサスもAアームの真ん中あたり、というかもう3分の1くらいのところにスタビのピボットがありますね。このころの設計者には「レバー比」という概念はなかったのかと（笑）。

シャシ設計者　リヤサスペンションについてはS13シルビアで説明した通りです。

R32GT-Rのエンジン開発

――伊藤修令さんの本には、R31に対するネガ意見の中に「RB20DETTが思ったほどパワフルではない」という件があったと書いてありましたが、思うにやっぱりそれは先代のR30型スカイラインの「RS」に積んでいた2ℓ直4の4弁ターボFJ20型のイメージがあったからだと思います。最終型の「2000ターボRS」では空冷インタークーラーを装着したターボ版FJ20ETが190PS／6400rpm（JISグロス値）という日本車史上最強スペックに達していて、回転感などに繊細さは微塵もなかったものの、それなりに一応豪快ではありました。となれば誰だって6気筒24弁+ターボ=210ps／6400rpm（JISグロス値）の

ＲＢ20ＤＥＴには、その延長線上にあるパワーとより洗練されたフィーリング、その双方の実現を期待するのが当然です。しかし排ガス対策のせいなどもあったのか、ともかく出初めのＲ31はびっくりするくらいパンチがなかった。

エンジン設計者　Ｒ30型の座談のとき（「クルマ論評５」に収録）に言いましたが、ＦＪ20というのはＮＡ版で吸排気バルブオーバーラップが40°、ターボでも34°もありました。60年代のＳ20でさえ50°だったんですから、そんなスペックでどうやって排ガスを通ったのか、そこがＦＪ20の最大の謎でした。しかしＲ31型のＲＢ20ＤＥＴは、最大のライバルだったマークⅡ３兄弟が使っていたトヨタ１Ｇ‐ＧＥＵと同じでオーバーラップ15°。だからＲＢ20ＤＥＴが「パワーない」「回らない」というより、そもそもＦＪ20ＥＴがなぜそんなにパワーが出てて回っていたのか、そこがそもそもちょっとおかしいんですよ。

――はい。でも１Ｇ‐ＧＥＵがスムーズに軽やかに回っていかにもモダンなエンジンという印象だったのに対し、ＲＢはなんとも鈍重で古臭かった。ＢＭＷの６発なんかにはもうまったく程遠い感じで。ともあれＲ31型発売後の低評価に素早く反応した伊藤さんは、エンジン設計部署にＲＢ20型エンジンの性能向上を依頼するとともに、Ｒ31の２ドアモデルの開発に着手します。この成果が１９８６年５月に追加登場した２ドアのＧＴＳシリーズでした。車体はＲ30型までの２ドアがピラーレスのハードトップ形式であったのをあらため、車体剛性の点で有利なＢピラー付きとして（それで「クーペ」と命名）、同時にＲＢ20ＤＥＴもセラミック製タービンの「セラミック・ターボ」を採用しています。１９８５年４月から運輸省届出値はＪＩＳネット表記になりましたから、見かけ上のスペックは180PS／6400rpmにダウンしましたが、当時試乗した印象では期待していたターボラグの減少だけでなく、発売当初のRB20DETに比べてエンジン全般のフィーリングも改善されていた記憶があります。生意気に「これならGT-RとまではいえないまでもFJ20ETの後継機としてはまずまずではないか」などと思って、確かそのような記事を書きました。R32の開発に際しては、このRB20DETをさらに改良、セラミックターボの軸受にボールベアリングを使った「ボールベアリングターボ」を採用し「フリクションを50％低減」してレスポンスを向上、インタークーラーの吸気抵抗の低減と冷却効率アップも図って最大過給圧を上げ、215PS／6400rpmを達成しています。これをR32の5ナンバーのGTS-tに搭載しました。

エンジン設計者　はい。

――GT-Rに関しては、最初からレースへの参戦を考慮してスペックを決定したとのことです。1988年からグループAのレギュレーションにおけるターボ換算率が1・5倍から1・7倍になり、しかもNA換算排気量の0・5ℓ刻みで車両最低重量とタイヤ幅が決まるという規則だったため、それらを勘案しつつ、パワーウエイトレシオから富士スピードウェイでのラップタイムをシミュレーションしてみたところ、2・6ℓエンジンを過給するのが有利（＝NA換算4・42ℓ）と算定します。ただ当時すでに国内向け2ℓのRB20に加え、輸出用の2・4ℓ＝RB24と3ℓ＝RB30も生産していたので「もう1種類排気量を増やしてくれ」とは生産サイドに対して言い出しにくく、当初はRB24改2・35ℓ（NA換算4ℓ）でいく予定だった。ところが87年2月になって当初2WDの予定だったのを4WDにすることが決定、さらにRB26DETTの開発もGOになった。こういう予算承認の感覚こそまさにカネあまりバブルの真骨頂ですね。伊藤さんの記述を読んでいると、R32GT‐Rも「バブルの申し子」そのものだったんだなという感じがします。

エンジン設計者　RB26DETTはツインターボ（→ツイン・セラミックボールベアリングターボ）、大型の空冷インタークーラー、6連式独立スロットル、ナトリウム封入排気バルブ、クーリングチャンネル付きピストンなど、当時最新鋭のエンジン技術を全部載せしたようなデラックス設計で、確かに金にあかして「80年代夢のエンジン」を作ったという様相でした。伊藤さんの本によると当初予定していたAT仕様は途中で中止したそうですから、ただむやみにカネを使ったというわけでもないでしょうけど。

――87年7月に早くも完成した試作初号機はベンチで315PSを超えたけど、先行試作車に搭載して走行テストを開始したみたところ、実験部から「高回転域でパワーの頭打ち感があってフィーリングがいまいち」という予想外の評価を受けた（当時の実験部のボスはのちにR33のチーフエンジニアになった渡邉衡三さん）。これは低速トルクを増強するためインマニを長くして大容量サージタンクを採用したことで逆にトルクカーブが落ち込むポイントができてしまったからではないかと判断、吸気系の設計を見直してインマニ長さを400㎜から260㎜に短縮、慣性過給の同調回転を高回転側に移して最高出力発生回転数を400rpmあげて6800rpmにするとともに、スロットルバルブが閉じた際に過給気をターボ上流に戻すリサーキュレーションバルブを追加してターボの回転低下を抑止するなどして対策したとのことです。最終的なエンジンスペックは310PS／

6800rpm、最高許容回転数8000rpmだったと書いてありました。

エンジン設計者　当時から「GT‐Rはどうもノーマルで300PS以上出ているらしい」といううわさがありましたが、伊藤さん自ら著書で暴露したということですね。

――70年代に世界最強クラスだったポルシェ930ターボ3・3（78〜89年／3・3ℓ300PS）よりパワーは出ていたということです。ただし車重がざっと100kg重いですが。

ＲＢ系エンジンの概略

エンジン設計者　RB系エンジンは、1965年に登場し改良しながらえんえんと使っていたL型エンジンの代替版として開発されたユニットですが、「ボア間に必ずウォータージャケットを配置する」という当時の日産のエンジン設計のセオリーを踏襲しつつ、L型の生産設備を大幅改変せずにそのまま流用するために、ブロックは鋳鉄のまま、さらにボアピッチやデッキハイトなどのブロックの主要寸法もL型を継承していました。RB系はボアピッチ96・5㎜（3番〜4番間のみ98㎜）、デッキハイト（クランク中心↕デッキ面）188・5㎜、ブロック全長621㎜で、これらの値はRB20系でもGT‐R用RB26DETTでも同じです。2ℓとしては図体の大きいエンジンです。

――ブロックはL型と一部基本寸法が同寸ですか。それは知りませんでした。最近は「ジャパンビンテージ」

とか言って60年代~80年代の日本車をやたらべたべた褒めまくるといった気持ち悪い風潮がありますが、「むかしは懐かしい」「青春時代はよかった」というのと、機械の設計・生産技術の評価とではまったく別の話です。L型エンジンについてももう80年代に入ったころは評論家先生の間でも「デカくて重くて長い鋳鉄ブロック+カウンターフローヘッドの前時代的遺物」という評価が大勢で、私も密かに「トラック用」とか「船舶エンジン」とか呼んでいました。ただチューニング屋さんにとってはレース用パーツがいくらでもあって簡単に手に入るし、3・2ℓくらいまでどんどん排気量アップできるし、ターボつけてがんがん過給圧かけてパワー出しても頑丈で壊れず、たとえデトネーション起こしてピストンに穴を開けてもブロックもク

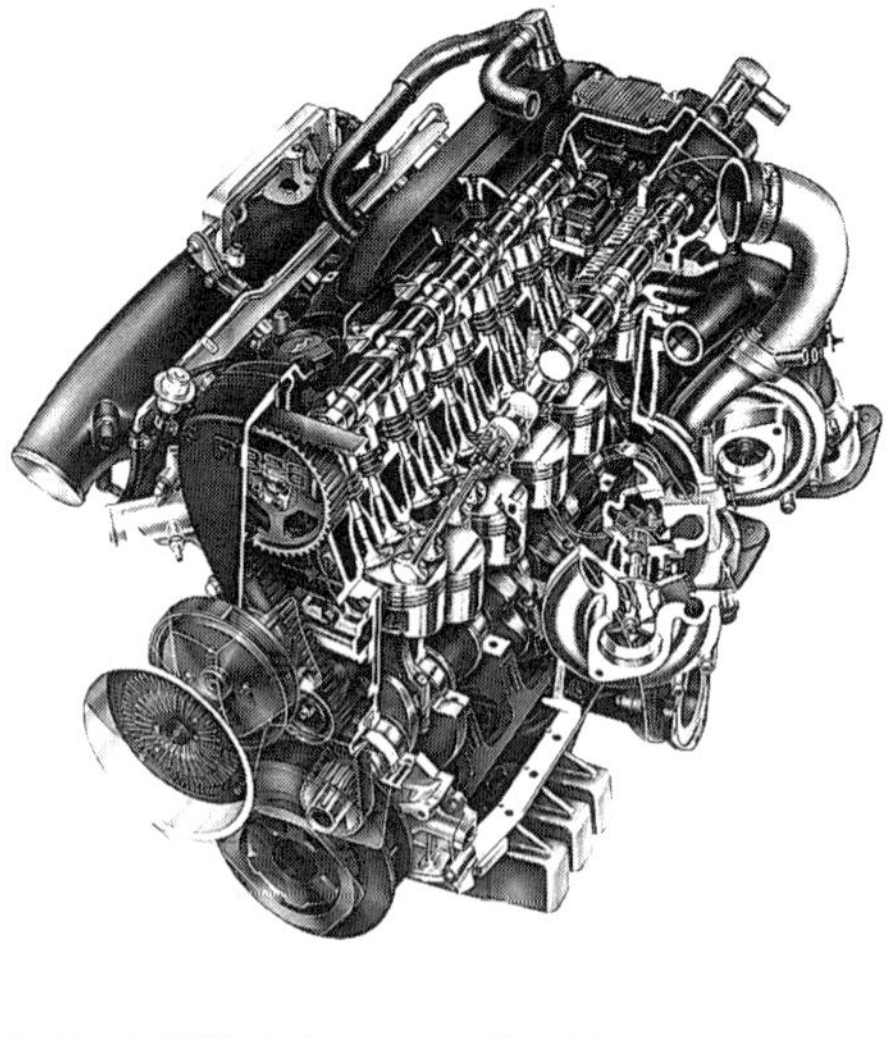

図19　R32のGT-Rに搭載していたRB26DETT型エンジン

DOHC4弁、ツインセラミックボールベアリングターボ、大容量インタークーラー、6連スロットル、各シリンダー横流れ式冷却方式、ナトリウム封入排気バルブ、サーマルフロータイプのクーリングチャンネル付きピストン（オイルジェット併用）、過給圧の電子制御化などが特徴。

ランクもぜんぜん平気、ピストンさえ交換すればもと通りのパワーが出ちゃう、ということで大きな人気と信頼を集めていました。だからあれですね、いまL型を愛好したり褒めてる方々というのは「いじったL型」前提の話をなさってるんだと思います。ノーマルのNAPSのL20なんて重ったるくてかったるくて当時は乗れたもんじゃなかったです。

シャシ設計者　そういえばR31型のときの座談で、1981年8月のR30型スカイラインのデビュー時に、登場後16年も経っていたL20型を大改良したという話がでましたよね（圧縮比を8・8→9・1にアップ、ピストンピン径を21㎜から20㎜に、クランクピン径を50㎜→45㎜に変更して軽量化し、シリンダーブロックも贅肉を削った）。あのときL20型の単体重量は5代目C210「ジャパン」搭載時の190kgに対して170kgへと20kgも軽量化したという話でした（ターボ版L20ETでも－11kg）。ということはひょっとしてあれはRB20のブロックの設計を一部前倒しでL型に採用していたということだったんでしょうか。

エンジン設計者　ブロックについてはおそらくそういうことだったんだろうと思います。例えばクランクシャフトのジャーナル径はL型→RB20→RB26DETTとすべて55㎜です。自動車雑誌や評論家の先生方は毎度毎度「ボア×スト比がどうだ」とか「燃焼室の容積がなんだ」とか、独自研究であれこれエンジンの設計を分析されておられますが、当時のエンジンの基本スペックを大きく左右していたのは「生産性」です。RB20DETのアルミヘッドの場合もバルブ挟角46°でFJ20型より14°狭くなっていますが、これも「設計思想が近代的になった」というより、ブロックの加工設備を改変してカムキャップを各気筒のボアセンターに持ってくる設計に変更したからバルブ挟角の設定の自由度が増し最適設計が可能になったということであって、むしろ「生産設備が近代的になった」と言った方が適切でしょう。

――RB26DETTのブロックはディープスカートで一体型メインベアリングビームを使ってますね。「鋳鉄ブロック」だとするとかなり重そうではありますが、ともかく腰下はなかなか強固な印象です。当時の「モーターファン」誌連載の兼坂 弘さんの「毒舌評論」にもRB26DETTのブロックについて「気に入ったのはベンツのようにオイルパンの後方にフランジをつけてここでトランスミッションと結合し、

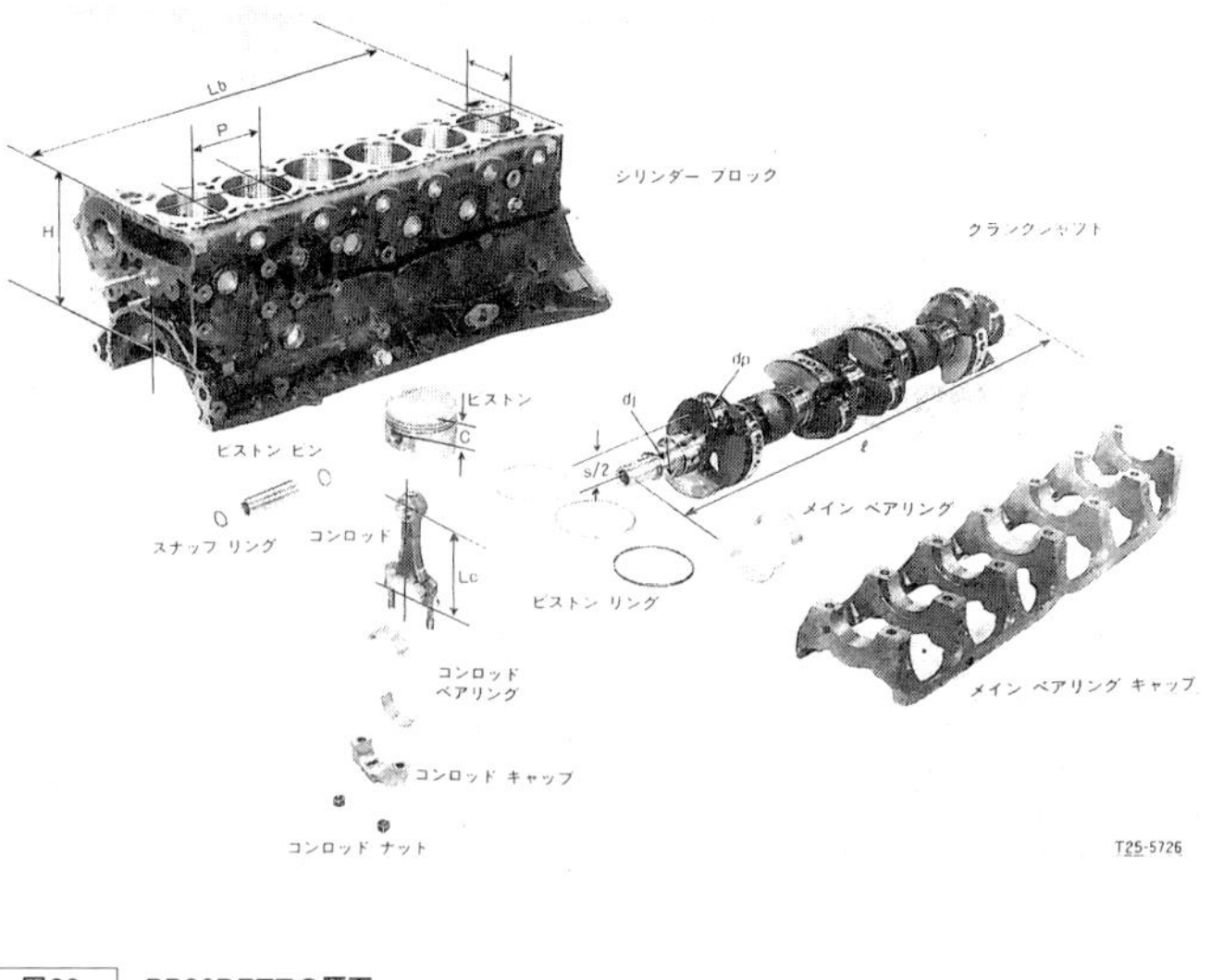

図20　RB26DETTの腰下

ブロックはディープスカートで、RB20DET同様一体型のメインベアリングビームを採用。前端部ではサイドからも固定している。またオイルパンの後方にフランジをつけてトランスミッションとの結合剛性を、エンジンマウント部剛性向上などで騒音を低減。ブロック長621mm、デッキハイト188.35mm、ボア間ピッチ96.5mm（#3～#4間のみ98mm）、クランクジャーナル径55mm、クランク全長721.3mm、コンロッド中心間距離121.5mmという基本寸法はRB20DETと同じ。ボアとストロークの拡大（78.0×69.7mm→86.0×73.6mm）に伴ってクランクピン径は45→48mm、ピストンのコンプレッションハイトは32mm→30mmに変更している。

結合剛性を高めて騒音発生を防止したこと（著述骨子）」と書いてありました。「気に入らない」点は例によって「せっかくM12ヘッドボルトを採用したのにいまだに弾性域角度法なんか使っているところ」。塑性域締めについても兼坂さんは本当に時代を先取りした指摘をしてました。

エンジン設計者　ちなみに当時の山海堂の「エンジンデータブック」掲載のメーカー自己申告重量値では、SOHCのRB20Eが167kg、RB20DETが198kg、これに対してRB26DETTは「255kg」というデータになってました。

自動車設計者　255kg??

エンジン設計者　インタークーラーなども含んでいる数字なのかどういう計測値なのかわかりませんが、ともかくRB20DETに対して57kgオーバーの数値が出てた。日産は当時L型後継機として60度V6のVGシリーズの開発を進めていましたが、この2ℓ版のVG20Eの単体重量は157kgしかなかったです。

――VGって軽いんですね。ちょっとびっくりです。

6連独立スロットルはご利益ない？

――RB26DETTは6連独立スロットルがついてました。これもレース仕様を考えての設定だったと思いますが。

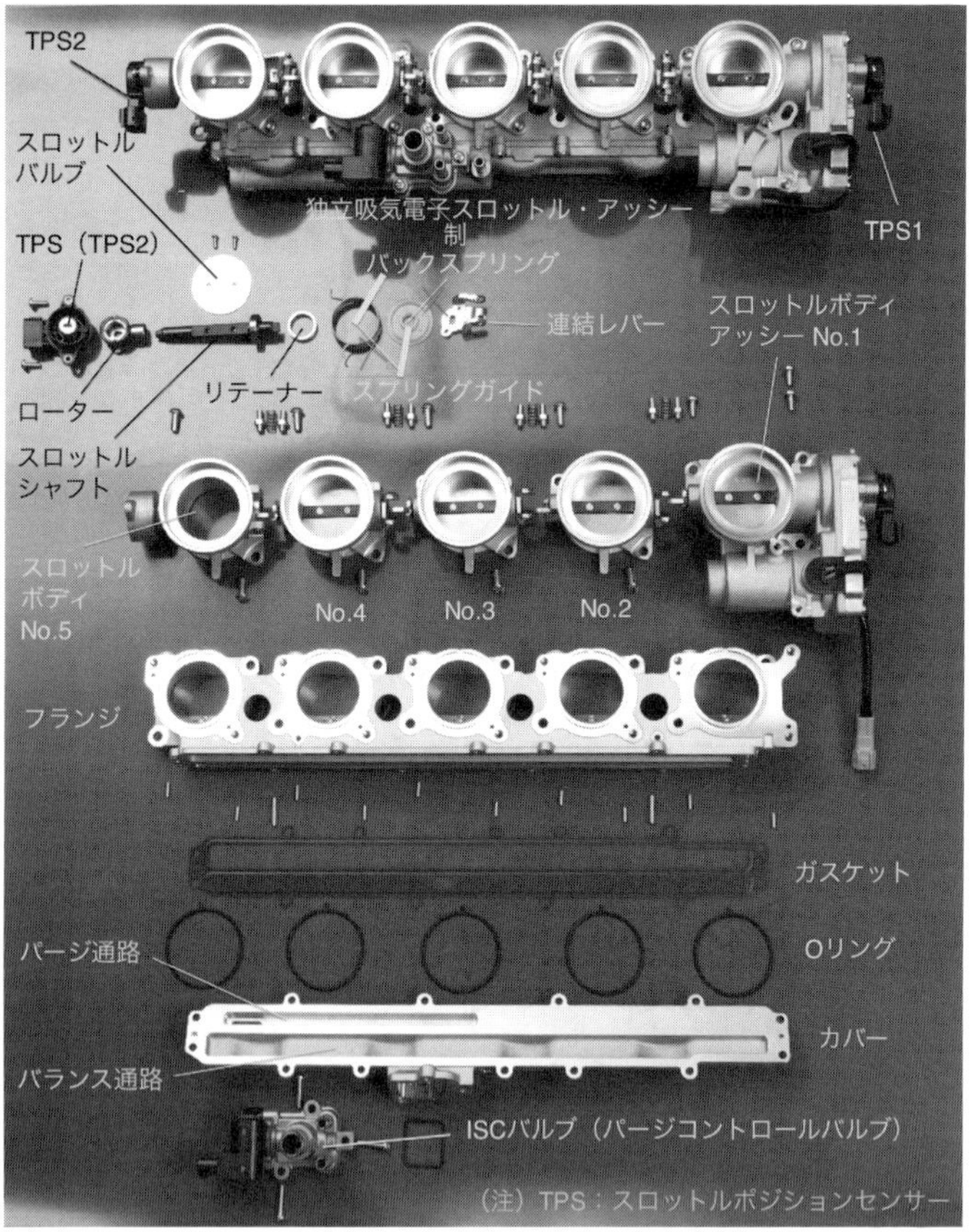
TPS2
スロットル
バルブ
独立吸気電子スロットル・アッシー
制
TPS1
TPS（TPS2）
バックスプリング
連結レバー
スロットルボディ
アッシー No.1
ローター
リテーナー
スプリングガイド
スロットル
シャフト
スロットル
ボディ
No.5
No.4
No.3
No.2
フランジ
ガスケット
パージ通路
Oリング
カバー
バランス通路
ISCバルブ（パージコントロールバルブ）
（注）TPS：スロットルポジションセンサー

図21

エンジン設計者　当時はＢＭＷのＭ１のＭ88型が量産車で６連独スロをやっていて、エンジン設計者はみんなそれに憧れて一度はやってみたかったんです（笑）。ただＭ１のＭ88は機械式インジェクションで、エンジン回転とスロットル開度から吸入空気量をあてずっぽうに概算するという牧歌的ザル計量方式で、ようするに「ウエーバー３連」の親戚みたいなもんでしたが、ＲＢ26ＤＥＴＴの場合はマル排対応の電子制御インジェクションですから、吸気の入り口に置いたエアフローメーターで空気量を計量してそれで燃料の噴射量を正確に決定してました。空気はエアフローメーター→ターボ→インタークーラー→サージタンク→独立スロットルと流れていくわけですが、実は６連装のスロットルの精度をぴたり揃えるっていうのは非常に難しいんですよ。いくら生産工程で１気筒毎の空気量を精密に測定してバタフライ角度をアジャストしても、インナーのボディ径に公差があるんでバタフライの角度がわずかにばらついちゃうんですね。するととくに開き初めのところで、ある気筒は空気流量がぱっと立ち上がるのにある気筒は立ち上がりが鈍い、といったように各気筒の空気流量に差が出ちゃう。これじゃモード域で各気筒のＡ／Ｆがばらついちゃってマル排（排ガス規制）に通らない。

シャシ設計者　でもどのみち触媒を通すんだから関係ないんではないですか？

エンジン設計者　いえ気筒に応じて排ガスが触媒を通過する場所というのは微妙に違うんです。ある気筒は触媒のある部位を中心に抜けるけど、別の気筒から出た排ガスは別の部位を中心に通過する。なので各気筒の流入空気量が違っちゃうとマル排は通りません。

――　そういえばそれに関連する話がレクサスＬＦＡの１ＬＲエンジンの10連独立スロットルの取材で愛三工業

に行ったときに出ました。あのエンジンの５連スロットルはすぐ下流に実は連通管が設けてあって、それで各気筒の空気流量のバランスをとってたんですね。４・８ℓのＶ10ですからリッター１１０Nmとして本来なら５００Nm前後は軽く出るはずなのに、連通管を設けたせいで慣性吸気の効果が下がっちゃって４８０Nmしか出ていないという話だったと思います。なのでニュル24時間耐久レース用のエンジンでは独スロ下流の連通管の開閉制御バルブの作動を殺してあるという話でした。連通管閉じるとトルクがボンっと上がるとか。……あれ、これは言っちゃいけない話だったのかな。

エンジン設計者　ＢＭＷのＭ88もＲＢ26ＤＥＴＴもまさにそれと同じで、独スロ下流に連通するためのバランスパイプがついています。ＲＢ26ＤＥＴＴの場合はターボですから独スロ下流を連通させてもトルクはそんなにはダウンしないでしょうが、いずれにしろ排ガス通すには独スロ下流で連通させて空気流量をナマさないとダメだったということです。そういえばＲ32ＧＴ‐Ｒとは対照的に、リーマンショックのあおりで開発途上の２００８年にキャンセルされてしまったホンダのＮＳＸ後継車の「ＨＳＶ‐０１０」。開発ボツになったクルマなのにホンダ技報で内容が紹介されていたのには驚きましたが、あのＶ10も左右５連独立スロットルだったんですね。あのエンジンではモード域では５連スロットルは動かさず、アイドルスピードコントロールバルブ（ＩＳＣ）で流入空気量を制御するシングルスロットル方式に切り替えるという構造でした。ようやるわと。現在では予測制御の技術が非常に向上してきているので、いまではもう連通させなくても独スロでマル排を通すことはできるんですよ。でもそうすると今度は予測制御に関するパテントの問題が絡んできます。だからゴードン・マレーの

GMA T50のコスワース製3・4ℓV12NA（672PS／467Nm）でも、もうあえて独スロはやってませんね。サージタンクの上流に4つスロットルをつけているだけ。タンク内にエアを集めといて各気筒がそれぞれ勝手に吸うほうがロジック構築としてははるかに楽ですから。

シャシ設計者　馬力だけで言えばスロットルの通路面積さえ確保できてりゃいいわけですよね。

エンジン設計者　GMA T50はMT車ですからアクセル操作に対して反応がダイレクトに出過ぎないように、たとえば低回転ではプライマリースロットルから吸気しといて高回転域でセカンダリースロットルを開くというようなシーケンシャルスロットル制御にしてるのかもしれません。オートバイのレースエンジンでは、4気筒のうち2気筒をアクセル操作で開くメカスロにしてライダーのダイレクトな操作感を維持しつつ、残り2気筒を電スロでトラコン制御するという機構（＝スロットル直列繋ぎではなく並列繋ぎ）も過去に存在してました。アストンマーティンのヴァルキリーは6・5ℓNAのV12で1160PS／900Nmというエンジンを積んでますが、片バンク1個づつしかスロットルはつけていません。ヴァリキリーは電制MTなんでそれで十分なのかも。

自動車設計者　結局独立スロットルというのは「コストをかけて採用するほどの意味はない」ってこと?

エンジン設計者　市販車ではご利益はほとんどありません。メカ的な夢ですね。「ソレックス3連」と同じ。

——　私もフェラーリ365BBをレストアしたときに、180度V12の上にウェーバーのトリプルチョークキャブが4つ並んでいる光景があまりにも壮観だったんで、カメラマンに真上からエンジンを撮影してもらいました。まあ壮観なのはもっぱら「見た目だけ」で、内容的にはまったく平凡な性能の欠陥設計エンジンでしたが

（笑）。アルミブロックと鋼スリーブがあんなすかすかの公差のエンジンなんてありえないし（通常ならゼロかマイナス公差にしておいて窒素冷却嵌め）、クランクジャーナル部の設計も最悪だった（すぐ下部にデフリングギヤと干渉するため）。私のような素人でもわかるくらいひどい設計。

自動車設計者　R32の当時のエアフローメーターはホットワイヤ式ですか？

エンジン設計者　日産はホットワイヤ式、ホンダとトヨタは当初スピードデンシティ式というサージタンク内の圧力とエンジン回転数から空気量を推定する方式でしたが、精度が上がらないので結局ホットワイヤ式に変えてました。三菱だけはカルマン渦式を使ってました。

ナトリウム（＝ソジウム）封入バルブ

――　RB26DETTは排気バルブに金属ナトリウムを封入していました。Natriumというのはドイツ語だそうで、元素記号はNa、JISの呼称でも「ナトリウム」ですが、国際純正・応用化学連合（IUPAC）の名称では英語名称のSodiumソジウムを使っているようです。

自動車設計者　ウィキペディアには「日本では医薬学や栄養学などの分野でもソジウム（ソディウム）と呼ぶ」と書いてありますね。

エンジン設計者　みなさんご存知の通りバルブのステムにドリルで穴を開けて中空にしといて、開けた穴の容積の半分くらいの体積の金属ナトリウムを中にいれてからバルブの傘と摩擦圧接する構造です。金属ナトリウムの融点は約98°Cなので、排気の熱を受けると溶融してステム内部で上下にしゃばしゃば揺れ動き、バルブヘッドの熱をステムに沿って弁座に伝え、大気とクーラントに放熱します。これによって排気バルブの傘の温度が大きく低下するという理屈です。ナトリウムを使うポイントは融点が低いことで、とくに熱伝導率が秀でて高いとか言うことではありません。

エンジン設計者　RB26DETTの排気バルブの図を見ると、リテーナーの下のところでステムが一段太くなっています。これはナトリウム封入なしの通常のバルブとステムの軸径を同じにしてリテーナーなどを共用するためでしょう。それと傘の部分でももう一段径が太くなってますが、ベンチテストか走行実験か、どの段階かのテストでこの部分からきっと傘がもげて、それであわてて強化したんだろうなあ、という感じがします。さらに勝手な予想をすればたぶんそのときピストンのトップリングも一緒に焼きついたんで、マーレに頼んでクーリングチャンネル付きのピストンを作ってもらったのかな、と。

――　RB26DETTのピストンはマーレ製だったんですか。

エンジン設計者　はっきりどこかにそう書いてあったわけではありませんが、RB26のピストンは塩中子を使った鋳造品で、あの当時塩中子技術で中空ピストン作れたのは世界でマーレだけでしたから。

――　ナトリウム封入バルブも海外のサプライヤー製でしょうか。

エンジン設計者　これは日本にも長い歴史があるんで日本製でしょう。おそらく日鍛バルブ（現NITTAN）

か富士バルブ（現フジオーゼックス）製だと思います。ＳＲ20系のナトリウム封入バルブは富士バルブ製でした。

自動車設計者　ナトリウム封入バルブというのは、ようするにナトリウム自体が排気バルブを冷やすわけではなくて、排気にさらされてもっとも高温になってるバルブの傘の熱をナトリウムがステムからロッカーアームなどの動弁機構に伝えて逃すと言うことですね。だから融点が低くければナトリウムでなくてもいいと。

シャシ設計者　ナトリウム冷却バルブも航空機エンジン技術で、最初に採用したのはブリストルの空冷星形９気筒のペガサスだったとどこかで読みました。最初は水でやってみたら蒸気圧でバルブに亀裂が発生してダメ、次に水銀を使ったらステム内部の接触面にアマルガムができちゃうせいで冷却効率がいまいちあがらず、硝酸カリウムと硝酸リチウムの混合物を使ってみたがこれもだめで、結局溶融時にバルブ内の圧力が高くならず、融点も低くて熱伝導率も悪くない金属ナトリウムになったという話。

自動車設計者　ペガサスは１９３０年代のエンジンですね。フェアリー・ソードフィッシュとかビッカース・ウェリントンとかショートのサンダーランドなんかに搭載してた。

――「水銀を使って実験した」というのは30年代のメルセデスのレーシングカーじゃないですか。有名な話ですよね。

エンジン設計者　航空機エンジンは最初は水銀封入バルブだったと思います。日本でも１９３０年代中盤から三菱内燃機・名古屋製作所で水銀封入式に代わるナトリウム封入バルブの研究・開発を始めて１９３６年に完成、三菱の独占技術として各社の航空機エンジンのナトリウム封入バルブは三菱製だったということです。零戦の栄エンジンの排気バルブは、傘を切削加工したり放電加工して三角錐状に掘り込んでから、下から丸いプラグで塞いで中空にする傘中空構造にしていたんですね。でR35のGT‐Rのときに（2012年モデル〜）三菱重工は、今度は円柱の材料を鍛造孔開工法を使って中空にする方法を採用したR35GT‐R用の傘中空ナトリウム封入排気バルブを作って日産に供給しました。溶接部分がないから高い強度を確保できるし低コストになったということでしたが、当時は「零戦の技術」と三菱重工は喧伝してました。データでは「中実バルブに対して傘部の温度が100〜200℃低下して600℃前後になった」また「排気バルブを15％軽量化できた」とありました。

――ナトリウムは地球上の地殻の約2・6％を占めていて地球上で4番目に多く存在する物質だそうですから、値段も案外高くないのかもですね。

エンジン設計者　ナトリウム封入バルブの製造を富士バルブさんで見学したことがありますが、金属ナトリウムは危険だと言うイメージがあるんでクリーンルームとかでやってるのかなと思ったら、当時は不活性ガスを充填した保育器みたいな容器の中でゴム手袋つけてむにゅーっと手で装填してました。自動機で装填するなら空気にさらされる時間が短いので、最近は不活性ガスなしで自動装填してるようです。ちなみに三菱重工はその後バルブ製造から撤退し、R35の傘中空バルブ製造技術は現在フジオーゼックスに移管されています。

自動車設計者　ステムと傘を別々に作っておいて摩擦圧接するときに、内部側にバリは出ないもんですかね。

エンジン設計者　はい。そこがまさに製造上のノウハウだそうです。

——しかし別体に作っておいて、あとで摩擦圧接というのがすごいなあ。

エンジン設計者　いえいえ排気バルブはみんなそうですよ（笑）。安いクルマほどそう。高価なニッケル入りの耐熱鋼をまるまる使いたくないから、傘だけ耐熱鋼で作っといて普通鋼のステムと圧接しています。

——……それで傘の色が違うんですか。てっきり熱処理でもやってるんだろうと思い込んでいました。なんでも聞いてみるもんですね。

【参考】レクサスＬＦＡの１ＬＲ-ＧＵＥエンジンの独立式スロットルとその連通路（拙書／カーグラフィック社刊「クルマはかくして作られる４」より。２０１２年2月19日愛三工業株式会社にて取材。写真：荒川昌幸）ＢＭＷのＭシリーズの独立吸気システムでは各スロットルボディをキャブレ

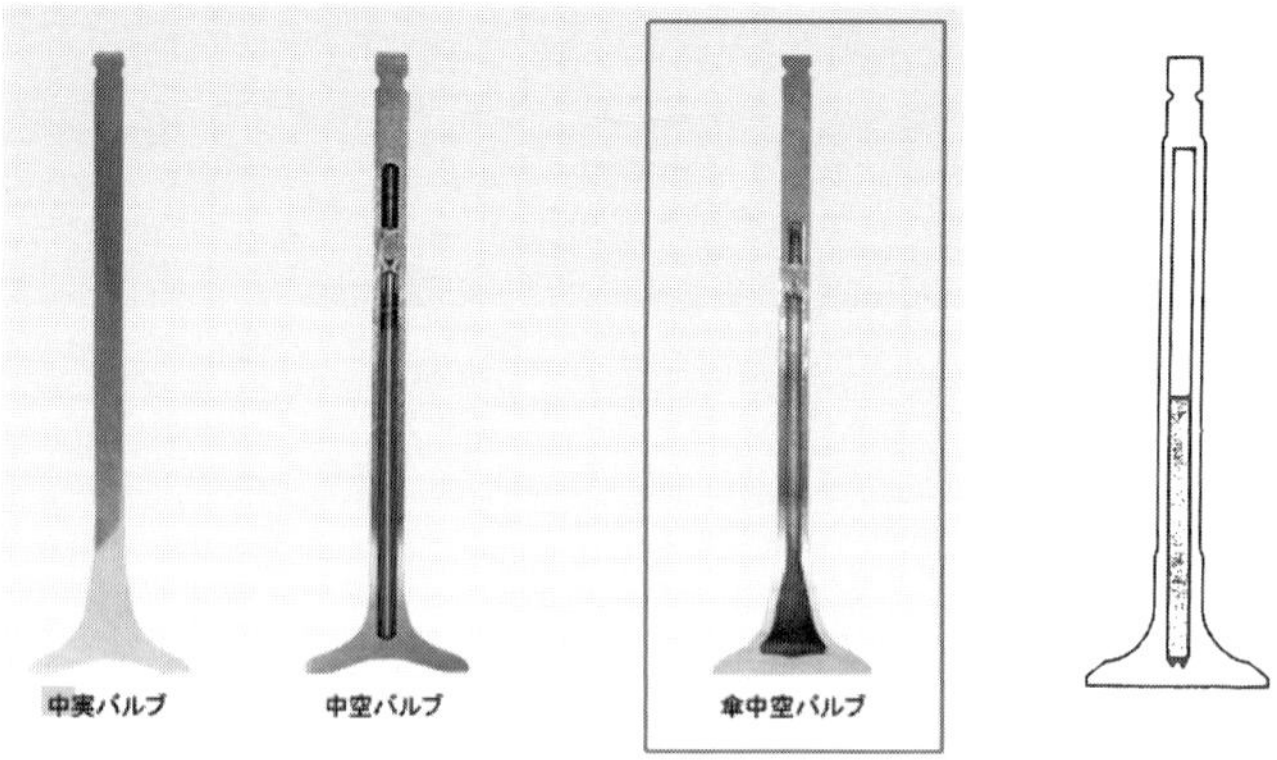

図22

（右端）R32GT-RのRB26DETTのナトリウム封入排気バルブ。ステムが先端で一段太くなり、さらに傘の部分で一段太くなっている。前者は動弁系の部品共用化のため、後者は開発の結果（本文参照）というのがエンジン設計者の分析（図版：日産自動車）。（左）三菱重工の2012年8月発行のプレスレリースに添付のR35GT-Rのナトリウム封入排気バルブ（赤枠内）。鍛造孔開工法という手法で傘部分まで中空にした。

ターのようにヘッド上にダイレクト搭載しているが、本機では各スロットルボディをいったんフランジにマウントし、オンボード状態で検査・調整してからエンジンに搭載していた。この一体型フランジがアイドルスロットルコントロールバルブ部品を利用したパージ導入システムと、気筒間の流量ばらつきを押さえるためのバランス通路を兼ねていた。

日産 スカイラインGT-R（1989年8月21日発表・発売）

全長×全幅×全高4545×1755×1340mm

ホイルベース2615mm　　トレッド1480mm/1480mm

カタログ車重：1430kg

燃料タンク容量72ℓ

最小回転半径5.3m

下記テスト時の装着タイヤ：銘柄不記載225/50R16（空気圧不記載）

駆動輪出力（テスト時重量が1550kgとしたときの動力性能からの計算値）

282PS/7800rpm

5MTギヤ比①3.214 ②1.925 ③1.302 ④1.000 ⑤0.752

最終減速比4.111

モーターファン誌1989年11月号におけるJARI周回路での実測値（テスト時重量計算値1550kg）0-100km/h 5.36秒　0-400m 13.58秒

発表当時の販売価格（1989年8月発売時）445.0万円

発表日　販売販売累計　R32型スカイライン全体：31万1392台（52ヶ月平均6000台／月）GT-R：4万3934台（49ヶ月平均900台／月）

あとがき

みなさんこんにちは、どうもです！

今年も本書シリーズをお手にとっていただき、ありがとうございました！　お買い上げいただいた皆さんには感謝しかありません。

いつも同じことばっか書きますが、本書の版元の株式会社三栄の鈴木局長は「シリーズもの単行本は号を重ねることに売れなくなる」と分析していて、数字も確かにそれを裏付けているのですが、「モーターファン・イラストレーテッド」＝MF-iの編集長で本シリーズの試乗の相方である萬澤さんは「皆さんに本棚に並べていただくことにこそ価値がある」という私の考えに賛同してくれて、今年もまたあくまでシリーズ「連番」で行くことにしてくれました。

いや、嬉しいです。そうこなきゃね。

もう一度これまでのシリーズをまとめておきますと…

「福野礼一郎のクルマ論評２０１４」（黄帯）２０１４年3月15日発行

「クルマ論評2」（青帯）　2015年3月31日発行
「新車インプレ2017」Ａ4変形版オールカラームック本　2016年4月30日発行
「新車インプレ2018」Ａ4変形版オールカラームック本　2017年7月1日発行
「クルマ論評3」（赤帯）　2018年9月5日発行
「クルマ論評4」（橙帯）　2019年10月21日発行
「クルマ論評5」（緑帯）　2020年10月16日発行
「クルマ論評6」（紫帯）　2021年10月16日発行
「クルマ論評7」（碧帯）　2022年12月12日発行
本書「クルマ論評8」（桃帯）　2023年11月26日発行

本書は番号は「8」ですが、シリーズとしては第10冊目。これで10周年ということです。また2023年9月に発売になった「福野礼一郎博物楽」というムック本に続いて、これが私の68冊目の著書ということになります。

本書のメインコンテンツは、先ほどもでてきた「モーターファン・イラストレーテッド」という技術系自動車雑誌の唯一のカーインプレッション連載である「福野礼一郎のニューカー二番搾り」の1年分、2022年8月25日（木）に試乗し8月29日（月）に原稿を書いたルノー・アルカナから、2023年8月21日（月）に試乗して8月26日（土）に執筆した日産セレナまでの11本です。

1年分なのに11本なのは、途中1回連載の休載をいただいたから。

私も老人ですから、1ヶ月に実働する日数も体力的にだんだん減らして行かざるを得ません。仕事が多くなりすぎたときに休載をいただくこともしばしばになってきました。今回もどこかの連載を1回お休みしないと、単行本の校正やこのあとがきの執筆などができませんでした。情けない話ですが。

単行本の収録にあたっては、いつものように全文をもう1度読み直し、多少の加筆・訂正を行ないましたが、大きな変更はありません。忖度しなくていい分、多少口が悪くなってるくらい（笑）。

あと連載時とちがって文字数の制限がないので、説明などを追加した箇所もあります。


本書の後半部は同じく「モーターファン・イラストレーテッド」誌に連載中していたエンジニアとの対談講義である「バブルへの死角」から、3代目ホンダ・プレリュードを連載4ヶ月分、そして5代目日産シルビア（と180SX）を連載3ヶ月分収録しました。

かなり長尺の記事であるR32スカイラインは、3月から株式会社三栄でスタートしたTOPPERという自動車技術系webサイトの有料コンテンツの連載である「新クルマの教室」の12週分の記事をまとめたものです。

ご存知のようにこれらの旧車技術座談は、カーグラフィック誌とMF・i紙に連載し単行本にもなった「クルマの教室」と同様、オンライン会議ソフトGoToMeetingを利用して3人の講師の方々とリモート座談を行ない、それを記事にまとめるという形式で制作しています。

講師はお二人が元自動車メーカーのエンジニア、お一人が某社に勤務の現役のエンジン設計者です。

お金をいただいて有料会員になっていただいた方だけに読んでいただいているweb連載を、すぐに単行本に収録するっていうのはどうなのよと思いますが、「二番搾りに講師座談記事を加えて1冊にまとめる」というのが2018年秋発行の「クルマ論評3」以降の本書シリーズの伝統になっていますし、ぶっちゃけTOPPERの有料会員はいまだに数百人という規模ですので、私の有料コンテンツ記事をお読みになっておられない方も多くいらっしゃるという判断から、あえて本書に収録しました。

MFiを定期的にご購読いただき、Topperも有料会員、さらに本書シリーズもご購入いただいたというコアなファンの方々には「全編二重取り」ということになってしまって、本当に申し訳ないと思います。皆さんが未読のコンテンツはこの「あとがき」と「項目別ベストワースト」しかないということになってしまいますが、どうかお許しください。

と書いたハナからなんですが、まだご存知ない方のためにTOPPERの有料コンテンツのご紹介を若干。

三栄のwebサイトTOPPERの有料コンテンツ（月額¥1760／年額¥17600）では、本書に収録したエンジニアとの旧車座談、これを毎月1回公開しています。本書収録のR32のあと、初代ユーノス・ロードスターを2ヶ月掲載、そして2023年9月現在トヨタ初代セルシオを連載中です。

当初は1ヶ月分の原稿を、編集部で4つに切って毎週アップしてくれてたんですが、コンテンツのシステムの問題でまとめ読みするのが非常に面倒くさいので、いまでは「毎月1回公開」に変更しました。ロードスターとセルシオについては来年の本書にまとめて掲載する予定です。

TOPPERのもう一つの有料コンテンツは「TOKYO中古車研究所™」(略して「T中研™」)という私的ブログ記事です。

開始から当初4回分は、昨年購入したアルファロメオ・ジュリア(最廉価版の2年落ち新古車)の購入の顛末、タイヤ交換、そしてiPadホルダー製作記を掲載。

そのあと4ヶ月4回は、お馴染み良心的中古車スティックシフトの荒井克尚社長と、「くるまにあ」「特選外車情報エフロード」「A-Cars」各誌編集長を歴任した古屋 久さんとの「T中研™ 昔話」座談を掲載しています。

「CarEx」誌内部での編集プロダクション同士の勢力争いから「T中研™」が生まれた経緯と「くるまにあ」へと移籍の顛末、「くるまにあ」をやめたあとの「クルマの神様」の大失敗の実態、「特選外車情報エフロード」への出戻り連載まで、当時の裏話を喋っております。

これについては内容が内容だけに単行本への収録というのは今後も「まずない」と思います。

「TOKYO中古車研究所™」では10月末から、またクルマ購入編をやります。2年間を費やし、すったもんだの顛末をへてようやく輸入し登録したスーパーセブン購入記です。この記事は場合によってはいつか単行本にまとめるかもしれません。

私的にはTOPPERはとても楽しい仕事です。

雑誌の記事で一番苦痛なのはせっかくインプレや取材して得た知見を、削りに削って記事にして字数内におさめてまとめること。

インプレだって博物館取材だって、書けと言われれば、体力さえあるなら2万語でも3万語でも書けてしまいますが、二番搾りの場合だと毎月7000文字がルーティン、これより500文字多くなると各部写真が1点入らなくなります。

同様にGENROQの「昭和元禄」は本文4000文字が限界、それより増えるとせっかく選び抜いた写真が小さくなってしまいます。

むかしのT中研™や、CG誌/MFi誌時代の「クルマの教室」「バブルへの死角」のような座談記事、これなどの場合も実際の何時間もの会話を一語一句記録していったら何万語～十何万語にもなってしまいますから、雑誌に掲載するのは、余談をすべてはぶいた「内容のエッセンス」です。

書くことよりも、規定の字数に収めることの方が何倍も難しいです。

しかしweb、特に広告がない有料コンテンツの場合は、基本的には文字数は上限自由。4ヶ月掲載した「T中研™昔話」は1回分で1万3000文字以上、4回分で6万語以上ですから、余談や脱線もどんどん入れられます。

なので私は書くことを本当に楽しみながらTOPPERをやっています。

もちろん「年間¥17600なんか高い！」というお気持ちはよくわかります。私もwebにはドケチですから、新聞・雑誌のサブスクを購入したことは過去数回しかありません。それもイヤイヤでした。

ですので私のような方には「1ヶ月購読方式」をお薦めします。

1ヶ月分¥1760を購入いただければ、いまアップしている「新クルマの教室」と「TOKYO中古車研究所™」の24本分、これをPDF形式などで保存します（もちろん他のコンテンツも）。

1ヶ月経ったら継続せず解約していただいて、PDFでゆっくり読んでいただいて、たとえば1年後にまた1ヶ月分を購入いただいて1年分の連載をPDF保存すれば、単行本1冊分の値段で1年分をまとめ読みいただけるわけです。

版元では「そういう購読方法は推奨してません」と言ってますが、そういう購読方法を行なっても別に何のペナルティもありませんからご安心ください。

あともうひとつ、1年半前からスタジオ・ジブリが無料配布している「熱風」という冊子で、「へそ曲がりメカ放談」という連載をやっています。「熱風」は全国の大手書店で無料配布していますが、送料のみの負担で定期購読も可能です。ただしかなり手続が面倒…というか「昭和のまま」らしいですが。

この冊子は文章主体の構成の昭和風文芸誌で、私の連載の場合、1回分の文字数が1万字～1万3000字と設定許容幅が大きいので、自由なテーマで編集長の額田さん（元「モノマガジン」編集部、元「ゲーテ」編集長）と楽しく座談し、これまた翼を伸ばして書かせていただいています。

ただし制作費すべてが赤字という媒体ですから、経営母体の変更で今後廃止になる可能性も大いにありますね。

ちなみにジブリ出版は自社では単行本は出版していないので、「熱風」の連載をまとめるとしてもジブリからではなく、本書の（株）三栄からとなる可能性が大です。


文字数制限に関係なくだらだら書けてしまうという点では、年に一度の本書のこの「あとがき」もまた同じ。この場所こそ、この1年分の雑感を書き散らかすチャンスですが、本書の目次をご覧いただいてなんとなくお察しの通り「今年は不作」でありました。

いや、我々の試乗車の選択が不策だった、といったほうがいいかもですね。

「二番搾り」の連載は年に12回。試乗車の数もかなり絞られてくるのですが、毎回の連載で試乗するクルマの選択は、①「これに乗りたい」という私の希望、②「これに乗って欲しい」という萬澤さんのおススメ、③「いま何に乗るべきか」という2者相談、この①②③どれか、あるいはその全部で決めています。

「乗って走ってインプレを書く限りは、誰にも忖度せず思った通り正直に書く」というのが私の基本的な方針で、読者の皆様の期待もそこにあると信じています。

だからこそ「なにに乗るか」が重大なんですが、①の「私の希望」については、Ⓐ私には貸してくれないクルマ（フェラーリ、ランボルギーニ、マクラーレンなど）、Ⓑプラットフォームやメカやパッケージなどの理由で乗ってもきっといいこと書けなさそうなクルマ（たとえばアルファード／ヴェルファイア、ゲレンデワーゲンなど）、Ⓒ公平な記事を書けないくらい個人的に嫌いなクルマ（内緒）、Ⓓ私が書いても意味がないと思うクルマ、などの場合は当然ながら選択していません。

だからこそ不勉強でうっかり借りてきてしまったトナーレは、我々にとっても大ショックだったのですが。

Ⓓ「私が書いても意味がない」というのはぶっちゃけトヨタ車ですね。

章男さん時代のトヨタ自動車は、ご自分のところで自動車評論・宣伝媒体を作られ、評論家や活動者やインフルエンサーを雇って宣伝や啓蒙、自画自賛活動を大々的にやっておられるわけですから、私なんかいまさら乗って云々したって意味ないし、日本国民の普通乗用車ユーザーの6割は黙ってトヨタ車を買って乗ってるんですから、もはや評論の対象ではないと私は感じています。

お好きな方はどうぞ私は知らん、まあそういう感じ。

「そういうメーカーだからこそ、忖度せずにぶっ叩くのが正義の味方」なのかもしれませんが、私と萬澤さんは骨の髄からヘソが曲がってるんで、毎回話題のトヨタ車の登場に直面するたび相談してスルーしてきました。「どうするあのぶっつぶれたみたいなプリウス乗る?」「いやーなんか」「あのなんかよくわからんクラウン乗りますか?」「前もクラウン乗って変だと書いたらクレーム来たし、もういいよ」「いまさら86乗りますか?」「いやももうかんべんしてください」そういう感じでした。トヨタ車ファンの方、個人的な好みですみません。

②の萬澤さんのおススメ、③の「いま何に乗るべきか」については、もちろん雑誌の方針が大きく影響しています。いくら署名原稿で、連載の内容は筆者の自由に委ねられているとはいえ、媒体の基本方針や読者層の趣向を大きくはずれる記事は書けませんよね。まあ私はスーパーカー雑誌に老舗とんかつ屋の記事を載せたこともあるくらいで、やりたい放題の感も確かにあるかもしれませんが、クルマについてはやはり雑誌の読者層の傾向にしたがって車種選択しています。

いま話題に出たスーパーカー専門誌「GENROQ」の場合、編集長の永田さんによると読者の90%以上は「ICE派」で、「EV派」は数%に過ぎないそうです。しかも同誌の連載「福野礼一郎の熱宇宙」はその永田編集長と二人で広報車に乗りながら行なう座談ですから、選択する試乗車はおのずとエンジンカーが主体になってきます。「熱宇宙」でEVに乗ると、頑固な「アンチEV派」である永田さんと必ず「パワートレーン論」になっちゃいますから、話が正当な評価からどんどん外れちゃうってこともありますしね。

私はもちろん「ICE派」でも「EV派」でも「12気筒派」でも「ミドシップ派」でもなく、むかしから「いいもの派」であって、好きなエンジン車は嫌いなEVより好きですが、嫌いなエンジン車より好きなEVの方が好きです。そんなことは当たり前だと思っているんですが、違いますかね。

ついでに言うと私は好きなアメリカ人は嫌いな日本人より好きだし、嫌いなドイツ人より好きなフランス人の方が好きです。

いろんな人と知り合ってみるとどこの国にもいい奴はいるし嫌な奴もいるのですから、「どこの国の人だから好き」とか「あの国の人は嫌い」とか、そんなことは口に出して言えなくなります。当たり前ですよね。

それなのにそういうことが平気で言えてしまうのは「政治的に思想が染まっていて」かつ「自分の世界が狭いから」だと思います。クルマの好みも同じなのでは？

スイス人に関してだけは私はこれまで好きな人に一人も出会ったことがないのですが、もちろんたまたま運が悪かったからでしょう。

本シリーズの連載を行なっているMFi誌の場合、技術系が圧倒的に多い読者層の傾向は「GENROQ」とは真逆、みなさんの関心時はいまやEV関連技術に集中しており、「ICE関連技術の特集号はぜんぜん売れない」という状況が定着しているそうです。

二番搾りの試乗の10年来の相棒もまたいまやMFi誌の編集長ですから、「これに乗ってもらいたい」という萬澤さんのおススメ車がBEVやハイブリッドなどのモーター駆動／モーターエイド車が主体になっているのは当然のことです。

さらに萬澤さんが編集長という立場になって以降、微妙にそのおススメ傾向に配慮が加わってきたように思います。

その一例が「欧州車でも日本車でもないＢＥＶ／ハイブリッド車」の試乗。

話題性から言えば絶対に試乗してみるべきだし、みなさんもそれを期待しておられるでしょう。

しかし「万が一試乗した結果がトナーレになってしまったらどうするのか」。

編集長としてこれをリアルに危機想定してしまうと、なかなか試乗に踏み切れないのかもしれません。

それに記事作方上でトナーレの原稿が救われたのは、本書をお読みになればお分かりの通り、けなした代わりにＤＳ４や３０８をおススめすることができて、トータルなんとか丸く収めることができたからです。選択肢が当該車以外ほかにないメーカーの場合は、そうもいかないということですよね。

もちろん雑誌連載時にはそこそこ適当なことを書いといて、単行本でホンネを吐露しまくるという極端な方法論もないではないですが（その方が単行本の存在意義と価値も上がるし）、そういう器用な使い分けは私にはやっぱ無理です。トナーレだって悩み抜いたあげく結局連載でぼろくそに書いてしまいましたから。

萬澤さんがどこかで試乗してきた結果「とても印象が良かったからおススめ」というケースもありましたが、日産アリアのＦＦのように乗ってみたら「ぜんぜんよくないじゃん！（個体コンディション問題あり↓本文参照）」ということもあったし、ＣＸ-60みたいに「いいクルマですよマウント」が過ぎて、走り始めからこっちのヘソが曲がってしまった、みたいなこともあるわけですから（笑）萬澤さんとしてもなかなか難しいんだと思います。我儘すみません。

そういうあれこれで毎月試乗してきた1年でしたが、こうやってまとめてみると「今年は不作」いや「今年は不策」だったなあと思うわけです。うーむ。。


2023年9月9日に開催した「福野礼一郎博物楽」という単行本の、発刊記念オンライントークショーにおける読者の皆様のご質問にも、BEV化への推進の状況の予想などに関する件が数多くありました。

ガソリンやオイルの経年劣化や油膜切れなど、エンジン車の長期保管に関するご質問もあって、EV化の動きに対する「対応」「対策」も考えておられるのかな、と感じました。

私はICE派でもEV派でもありません。クルマの動力源としてはゼロ速度でトルク最大のモーターこそ100年前から最適だったと思ってますが、現状のくそバッテリーにも希望はないと思います。なんせ基本が「乾電池の集積」ですから容量と重量が正比例してる（笑）。こんなバカなシステムに未来などあるわけありません。

じゃ全個体電池どうか。

有望ですが問題があります。

またしてもトヨタがそれを世界に先駆けて実用化しそうだからです。「これで世界のBEVの勢力図は逆転する」といっている人がいますが、私はトヨタがそれを実用化すれば、燃料電池の件の二の舞になるだけだと思います。

燃料電池開発の世界的な競争では、日本が勝った途端にコンペの参加者全員が退場し、なんと競争自体が存在しなくなりましたよね。

時計好きの方は60年代のスイスのヌーシャテル天文台コンクールの件をご存知だと思います。

ヌーシャテル天文台コンクールは時計技術の発展・振興を目的に1860年から続いてきた時計の精度を競うコンクールで、表向きは公平で素晴らしい技術競争の場でした。明治維新による「改暦」を契機に始まった西洋式時計の発展が身を結んで、日本も1965年に勇躍このコンクールに挑戦するに至ります。第二精工舎と諏訪精工舎が参加、挑戦2年目の1966年に機械式腕時計部門で第3位、1967年には第2位を獲得、そして翌年こそ世界一をと頑張って開発していたら、なんと主催者は1968年のコンクール自体を中止してしまいました。

「クオーツ時計の出現によって機械式時計の精度コンクールはその目的意義を終えた」というのがその理由だったようですが、実際には「日本なんかに優勝されるのが不名誉だからその前にやめておこう」と言うことだったのでしょう。

それがいつも変わらぬヨーロッパのやり方だからです。F1グランプリをご覧になっておられればよくお分かりでしょう。自分が勝てるようにレギュレーションを変える、これが彼らのお家芸と伝統です。

いくら全個体電池が画期的技術でも、誰も採用しなければコストが高くなり、巨大工場で作る従来型リチウムイオンバッテリーに競争力で勝てません。

何度も書いていますが、BEV化というのは北米／EU／中国という世界の巨大自動車マーケットがその覇権を競っている政治的なレギュレーション闘争であって、背後にはそのマーケットに所属する自動車メーカーが行なう多額の献金によるロビー活動があります。

ＥＵがＢＥＶ化を強力に推進しようとしたり途中で逡巡したりしているのは、ようするにそういう政治的な状況のすったもんだのあれこれであって、自動車エンジニアリング的な帰結や結論とはほとんど関係ありません。

今後ＢＥＶ化が進むのか、それがどのくらいの速度なのか、それともやっぱりポシャっていくのか、いずれもそれは政治的な判断と覇権争いの趨勢によって決まります。ですから判断つけにくく、未来予測も難しいと思います。

ただ過去の世界的な嫌煙運動の推進などの経験から、私は「普及率が50％くらいを超えたら、マーケットの自助効果によってＥＶ化は一気に加速的に進むのではないか」とは予想しています。

「世界中にＢＥＶを走らせるためには、バッテリーの資源確保と開発・生産だけではなく、世界中に充電ステーションを建設しなくてはいけないし、そもそも電力の供給をしなくてはいけないが、そんなことが可能とは思えない」というご質問もいただきました。しかしもし１００年前に「これからはモータリゼーションの時代で、人１人が１台のクルマを所有して自由に走る時代になるのだから、そのためには世界中にアスファルト舗装の高速道路網を建設して張り巡らせ、数千リットルのガソリンを地下タンクに貯蔵していつでも供給できるようにしたガソリン補給ステーションをおおむね３００㎞ごとに世界中に建設する必要がある」などといったら、誰もが「そんなことは不可能だ」と言ったでしょう。

電気／水道／ガスのライフラインにしても、鉄道網にしても、橋梁／発電／ダムなどの建設にしても、インフラストラクチャーというのは必要に応じて発展してきたもので、これまでの経験から「それが社会的に要求されているなら不可能はない」といってもいいと思います。

ただし世界中のクルマにバッテリーを供給するためにあちこちに巨大バッテリー工場を作り、充電ステーションを世界に建設するにはもちろん膨大なエネルギーが必要で、CO_2も温室効果ガスも大量に排出するでしょうし、世界をBEVで埋め尽くしたいなら現時点の技術なら原発による発電が前提条件になることはいうまでもありません。

ですからみなさんも感じておられるように、BEV化へのモーダルシフトなんて「実際問題としてリスクが大きい割に地球温暖化抑止の効果は低い」ということなのですが、そんなことはBEV化とはまったくなんにも関係ありません。

そしてこれははっきりと言えることですが、皆さんがいかに期待し応援しようとも、日本の政策や日本の自動車メーカーの方針や技術には勝ち目はありません。

なぜならレギュレーションを決めるのはマーケットであり、日本は世界の自動車のマーケットではないからです。

いままでもそうであったように衝突安全対策でも排ガス対策でも「どんなクルマが正義でどんなクルマを売らなければないけないか」を決めているのはレギュレーションであり、レギュレーションはマーケットとそこに帰属し成立している企業が決めてきました。

ＢＥＶ化へのモーダルシフトは、技術がないばかりにディーゼルゲート事件を起こしてしまった「巨大マーケット＋企業複合体」が、一気に名誉挽回して世界の覇権を取り戻す千載一遇の機会と捉えて推進している政治的覇権闘争です。それなのに日本式ハイブリッドや日本型燃料電池などの日本が発明した自動車用動力技術など採用するわけがありません。

彼らにとっての最大のテーマは「勝ち負け」であって、「地球温暖化対策」などはその都合のいい理由に過ぎないとも言えます。ましてや「クルマの正義」なんか彼らにとってはどうだっていいことでしょう。

みなさんは欧州の有名自動車ブランドに「技術至上主義が築いた技術の天空」のようなイメージをいまだに抱いておられるかもしれませんが、それは戦後ほんの40年間ほどの期間、ドイツの西半分に束の間現出していた「夢の技術帝国」のイメージのかすかな残り香にすぎません。

だからこの問題は考えれば考えるほど馬鹿馬鹿しいのです。

そして日本も我々も、そういう「誰かの利権と都合で勝手に決まったレギュレーション」に合わせて生きて行かざるを得ません。

そういう理不尽で強引な動きですら、ある比率を超えて普及が進行しインフラが整ってくれば、市民感覚と欧州ブランド崇拝が強力に発動して、自助的にその進行が加速していくのではないかと思っています。

私はICE派でもEV派でもありません。クルマの動力源としてはゼロ速度でトルク最大のモーターこそ100年前から最適だったと思ってますが、現状のくそバッテリーにも希望はないと思います。なんせ基本が「乾電池の集積」ですから容量と重量が正比例してる（笑）。こんなバカなシステムに未来などあるわけありません。

じゃ全固体電池どうか。

有望ですが問題があります。

またしてもトヨタがそれを世界に先駆けて実用化しそうだからです。「これで世界のBEVの勢力図は逆転する」といっている人がいますが、私はトヨタがそれを実用化すれば、燃料電池の件の二の舞になるだけだと思います。

燃料電池開発の世界的な競争では、日本が勝った途端にコンペの参加者全員が退場し、なんと競争自体が存在しなくなりましたよね。

時計好きの方は60年代のスイスのヌーシャテル天文台コンクールの件をご存知だと思います。

ヌーシャテル天文台コンクールは時計技術の発展・振興を目的に1860年から続いてきた時計の精度を競うコンクールで、表向きは公平で素晴らしい技術競争の場でした。明治維新による「改暦」を契機に始まった西洋式時計の発展が身を結んで、日本も1965年に勇躍このコンクールに挑戦するに至ります。第二精工舎と諏訪精工舎が参加、挑戦2年目の1966年に機械式腕時計部門で第3位、1967年には第2位を獲得、そして翌年こそ世界一をと頑張って開発していたら、なんと主催者は1968年のコンクール自体を中止してしまいました。

「クオーツ時計の出現によって機械式時計の精度コンクールはその目的意義を終えた」というのがその理由だったようですが、実際には「日本なんかに優勝されるのが不名誉だからその前にやめておこう」ということだったのでしょう。それがいつも変わらぬヨーロッパのやり方だからです。F1グランプリをご覧になっておられればよくお分かりでしょう。自分が勝てるようにレギュレーションを変える、これが彼らのお家芸と伝統です。

いくら全固体電池が画期的技術でも、誰も採用しなければコストが高くなり、巨大工場で作る従来型リチウムイオンバッテリーに競争力で勝てません。

日本に負けるくらいならレギュレーションを変える。

だから何を発明しようが何を作ろうが、絶対日本には勝ち目はありません。日本はこれまで同様「お客様が作ったレギュレーションに合わせて、性能よく信頼性の高い、いい製品を作って廉価で販売して買っていただいてシェアを確保する」しか生き残っていく道はないのです。

いずれにせよ、私が自動車評論家として興味があるのはクルマの出来です。

萬澤さんは某サプライメーカーのクローズドコース・イベントで、中国メーカーのBEVに乗ってみたらしいですが、テスラやタイカン同様、発進加速時にトラクションコントロール以外の出力制限はかけていなかったようで、モーター駆動らしくゼロ速度から最大トルクを発揮して怒涛のジャークの体験ができたそうです。

しかし私が今年乗ったＢＥＶ／ハイブリッド車は、日本車／欧州車ともに、アクセル開度が大きく、踏み込み速度が速いときにはモーターに大きく出力制限をかけており、多少のジャークが出るのは発進加速の瞬間と踏み増し加速の一瞬だけ、「加速感は想定対抗しているＩＣＥ車と同等」にあえてしているというケースが大半でした。

どうやらこれが、テスラに乗りながらいろいろ考えた結果、欧米日のメジャー自動車メーカーが出した「ＥＶ暗黙の約束」になってきたようです。

しかし「ＢＥＶからジャークを取ったら重いバッテリーが残るだけ」でしょう。

モーター動力車の魅力はゼロ速度から最大トルクが出ること、１００分の１秒のレスポンスでトラクションコントロールをしてトラクション効率を１００％近くまで高めることができるという点であって、出力制限するなら「クルマの動力源としてはどう考えても１００年前からモーターが最適だった」という前提条件が崩壊するからです。

ＢＥＶにしたら地球温暖化帽子に貢献できるなどというのは、インフラの作り直しや原発の建設も含めたらリスクの大きい絵空事であって、そもそもインチキロジックです。

「ＢＥＶからジャークを取ったらくそ重いバッテリーが残るだけ」、これが今年のＢＥＶに関する最大の落胆でした。

「ＧＥＮＲＯＱ」の永田編集長は「モーターなんかに一円も払うのは嫌だ」「エンジンだからおカネを払う価値がある」とおっしゃっていて、なるほどこれがいまのスーパーカーファンの皆さんの気持ちの代弁なのか、と思いました。

私は「人の知恵と技」を愛好しているのであって、それを崇拝しています。だからモーターだろうとエンジンだろうとそんなことまったく関係ありません。

人の知恵と技の輝きがそこに見出せるなら、これからも喜んで私のなけなしのお金を使いたいと思います。

とはいえあと何年クルマの運転ができるかわかりませんね（笑）。10年は無理でしょう。あと5年？　7年？

もちろん高価なクルマは買えないので、私の最後のお楽しみのクルマは、小学生のときからからずっと私のアイドルだった58年前のスーパーセブンにしました。このお話はTOPPERのT中研™のページでおいおい連載していくつもりです。

今年も本書をお手に取っていただき、ありがとうございました。

ここまで漕ぎ着けることができたのも皆様のおかげです。あと1年、また頑張ります。どうもありがとうございました！

2023年10月25日　福野礼一郎

福野礼一郎（ふくの・れいいちろう）

東京都生まれ。自動車評論家。自動車の特質を慣例や風評に頼らず、材質や構造から冷静に分析し論評。自動車に限らない機械に対する旺盛な知識欲が緻密な取材を呼び、積み重ねてきた経験と相乗し、独自の世界を築くに至っている。著書は「クルマはかくして作られるシリーズ」（二玄社、カーグラフィック）、「人とものの賛歌」（三栄）など多数。

福野礼一郎のクルマ論評 8

発行日	2023年11月26日　初版 第1刷発行
著者	福野礼一郎
発行人	伊藤秀伸
編集人	萬澤龍太
発行所	株式会社三栄 〒163-1126 東京都新宿区西新宿6-22-1 新宿スクエアタワー26F
販売部	電話 03-6773-5250（販売部）
受注センター	電話 048-988-6011（受注センター）
装幀	ナオイデザイン室
DTP	株式会社明昌堂
印刷製本所	大日本印刷株式会社

造本には充分注意しておりますが、万一、落丁・乱丁などの不良品がございましたら、
小社宛てにお送りください。送料小社負担でお取り替えいたします。
本書の全部または一部を無断で複写（コピー）することは、著作権法上での例外を除き、禁じられています。

©REIICHIRO FUKUNO
2023 Printed in Japan

SAN-EI Corporation
PRINTED IN JAPAN 大日本印刷
ISBN 978-4-7796-4941-7